高等职业教育旅游类专业系列教材

云南省高职高专教学质量与教学改革工程

宝玉石鉴定与检测技术

BAOYUSHI JIANDING YU JIANCE JISHU

◎主　编　赵晋祥　黄绍勇

◎副主编　张　皙　王晓慧　刘　妮　印　欢

重庆大学出版社

内容提要

本书是一部系统的宝玉石鉴定教程,以实践为导向,介绍了宝玉石鉴定中仪器鉴定、肉眼鉴定以及合成、优化、人造宝玉石鉴定的基本原理、操作方法和一般规律,并提供了相应的实践引导。主要内容包括宝玉石常规仪器鉴定、宝玉石的肉眼观察及识别、人工宝玉石的鉴定、宝玉石优化处理的方法及鉴定等。

宝玉石鉴定不仅仅是一门专业学科,也是宝玉石行业每个从业者应该掌握的基本能力,宝玉石的鉴定知识和能力几乎对行业内的每个岗位都发挥着直接或间接的作用。

本书主要针对高职院校宝玉石专业的学生,但其实践为导向的特点也同时适合对宝玉石鉴定知识有兴趣的人士,尤其是宝玉石的从业者和爱好者。

图书在版编目(CIP)数据

宝玉石鉴定与检测技术 / 赵晋祥,黄绍勇主编. —
重庆:重庆大学出版社,2017.1
高等职业教育旅游类专业系列教材
ISBN 978-7-5624-9981-7

Ⅰ.①宝… Ⅱ.①赵…②黄… Ⅲ.①宝石—鉴定—
高等职业教育—教材②玉石—鉴定—高等职业教育—教材
Ⅳ.①TS933

中国版本图书馆CIP数据核字(2016)第168813号

高等职业教育旅游类专业系列教材
云南省高职高专教学质量与教学改革工程

宝玉石鉴定与检测技术

主 编 赵晋祥 黄绍勇
副主编 张 皙 王晓慧 刘 妮 印 欢
责任编辑:顾丽萍 版式设计:顾丽萍
责任校对:邹 忌 责任印制:赵 晟
*
重庆大学出版社出版发行
出版人:易树平
社址:重庆市沙坪坝区大学城西路21号
邮编:401331
电话:(023)88617190 88617185(中小学)
传真:(023)88617186 88617166
网址:http://www.cqup.com.cn
邮箱:fxk@cqup.com.cn(营销中心)
全国新华书店经销
重庆长虹印务公司印刷
*
开本:787 mm×1092 mm 1/16 印张:9.5 字数:213千
2017年1月第1版 2017年1月第1次印刷
印数:1—2 000
ISBN 978-7-5624-9981-7 定价:38.00元

编委会

总 序

　　随着中国经济转型发展的不断深入，旅游业已经成为经济新常态的亮点和发展方向之一。根据世界旅游组织的预测，2020年中国将成为世界第一大旅游目的地国家，并成为世界第四大旅游客源国。云南省凭借得天独厚的自然旅游资源、丰富的人文旅游资源，云南旅游业得到了快速发展，已成为云南省重要的支柱产业和推动经济社会又好又快发展的重要引擎。为积极融入国家"一带一路"战略，实现"旅游强省"发展战略目标，云南迫切需要造就和聚集一支高素质的旅游人才队伍，以满足旅游产业全域式发展，推动全省旅游服务向国际化、标准化、专业化和品牌化的方向发展。高职高专旅游教育作为云南旅游教育的重要组成部分，肩负着为云南旅游业培养大量的应用型旅游专业人才的重任。

　　在研究和分析目前众多旅游高职高专系列教材优缺点的基础上，在云南省教育厅和世界银行贷款云南省职业教育发展项目云南省项目办的关心支持下，在英国剑桥教育集团、云南旅游职业学院校企合作、专业建设指导委员会的具体指导下，我们按照高职高专教育特点、符合高职高专教育要求和人才培养目标，既有理论广度和深度，又能提升学生实践应用能力，满足应用型旅游专业人才培养需要的专业教材目标，组织由企业、行业专家和学院骨干教师组成的教材开发团队编写了能覆盖旅游高职高专教育多个专业的8本"高等职业教育旅游类专业系列教材"。

　　本系列教材具有以下三个特点：

　　1. 按照"能力本位"原则确定课程目标。扭转传统教材目标指向，由知识客体转向学生主体，以学生心理品质的塑造和提升为核心目标，并通过其外部行为的改变来反映这些变化，突出培养学生在工作过程中的综合职业能力，充分体现了高等职业教育的职业性、实践性和实用性。

　　2. 坚持"行业、企业"专家导向组织内容。采用"行（企）业专家+专业教师+课程专家"的开发模式。打破传统教材开发形式，基于行（企）业专家提出的典型工作任务，在课程专家指导帮助下，由专业教师提炼出适配的知识、技能和态度等方面的教育标准，再通过多种技术方法设计教学任务。形成满足酒店管理、导游、旅游英语、空中乘务、休闲服务与管理、宝玉石鉴定与加工、计算机信息管理（旅游方向）等多个专业使用的教材。

　　3. 运用"学生能力本位"思想安排教学。由"教程"向"学程"，转变传统课堂教育中教师的主宰地位，成为促进学生主动学习的组织者和支持者，强调和重视学习任务与学生认知规律保持一致。保持各专业系列教材之间，课堂教学和实训指导之间的相关性、独立性、衔接性与系统性，处理好课程与课程之间、专业与专业之间的相互关系，避免内容的断缺和不必要的重复。

　　作为目前全国唯一的得到世界银行支持的高等职业教育旅游类系列教材，我们邀请了英国剑桥教育集团课程开发专家和云南省世界银行贷款项目办的教育专家作为本系列教材的顾问和指导，也邀请了多位在旅游高职高专教育一线从事教学工作的国内旅游教育界知名学者和企业界有影响的企业家参与本系列教材的编审工作，以确保系列教材的知识性、应用性和权威性。

　　本系列教材的第一批教材即将出版面市，我们想通过此套教材的编写与出版，为构建现代高等职业教育教材开发建设探索一种新的教材编写和出版模式，并力图使其成为一个优化配套的、被广泛应用的、具有专业针对性和学科应用性的旅游高职高专教育的教材体系。

云南旅游职业学院

2016年8月

前　言

　　宝玉石是近20年来的新兴产业，为了更好地适应宝玉石教育，从宝玉石专业学生的实际情况出发，在云南旅游职业学院专业建设指导委员会的指导下和云南莱泽珠宝有限公司的大力支持下，在重庆大学出版社的组织协调下，本着培养符合时代要求的应用型人才这一前提，云南旅游职业学院宝玉石鉴定与加工专业的教师们从实际情况出发，编写了这本《宝玉石鉴定与检测技术》教材。本书以必需、够用为指导思想，轻理论、重实践为原则，注重内容和体系的建设，以及实训教学方法和手段的应用，紧密结合了宝玉石专业的技能要求进行编写。

　　编者们结合宝玉石界在鉴定和研究中的最新资料对宝玉石鉴定的基础理论知识和鉴定方法作了详细论述的同时，并未对宝玉石各论进行编写。力求针对性教学，使学生从课程中体会并掌握常规宝玉石鉴定仪器的工作原理和操作方法，并着重培养学生在肉眼识别方面的能力。

　　本书根据宝玉石鉴定体系，共分为6个项目。主要论述了常规宝玉石鉴定仪器的工作原理、结构和使用方法，宝玉石肉眼识别的理论知识和实际鉴别方法和经验，宝玉石的合成和优化处理方法，宝玉石系统鉴定和未知鉴定的一般方法，使学生能在全面掌握宝玉石鉴定的基本知识的同时，具备实际操作鉴定宝玉石的能力。

　　本书由云南旅游职业学院赵晋祥、黄绍勇任主编，张皙、王晓慧、刘妮、印欢任副主编，蔡昆龙、姜孟金任主审。全书由赵晋祥、黄绍勇、张皙、王晓慧、刘妮、印欢、莫晓聘共同编写完成。具体分工如下：刘妮执笔项目1中任务1到任务5；赵晋祥执笔项目1中任务6到任务9；姜孟金执笔项目1中任务10；印欢执笔项目2中任务1和任务2，以及项目6；张皙执笔项目2的任务3；王晓慧执笔项目3；黄绍勇执笔项目4中任务1和任务2；蔡昆龙执笔项目4的任务2；莫晓聘执笔附录中的表格部分，并对书中部分图表进行了绘制。全书由赵晋祥与黄绍勇共同统稿和定稿。

　　教材编写过程中得到了云南莱泽珠宝有限公司的姜孟金和蔡昆龙的大力支持。本书将作为云南旅游职业学院宝玉石鉴定与加工专业实习实训教学基地的实训教材。书中参考和引用了部分其他宝玉石鉴定相关书籍的内容，均已在参考文献中标注，在此，编者对前辈们的宝贵成果致以诚挚的感谢。

　　由于编者水平有限，加之时间仓促，书中难免会存在不妥之处，望读者和同行朋友批评指正，以便进一步修订完善。

　　最后，向为本书付出辛勤汗水的同志们表示衷心的感谢！

编　者

2016年1月

目 录

项目 1

宝玉石
常规鉴定仪器

【知识目标】

①掌握实验室常见宝玉石鉴定仪器（宝玉石显微镜、折射仪、电子天平、偏光镜、二色镜、分光镜、查尔斯滤色镜、紫外荧光灯）的工作原理、基本构造及操作方法。

②掌握常见宝玉石鉴定仪器操作结果的验证方法和技术标准，熟悉质检工作的系统流程，了解常见宝玉石评估标准。

【能力目标】

①能够正确操作常见宝玉石鉴定仪器（宝玉石显微镜、折射仪、电子天平、偏光镜、二色镜、分光镜、查尔斯滤色镜、紫外荧光灯）对常见宝玉石进行系统仪器鉴定并准确记录测试结果。

②能够根据常见宝玉石鉴定仪器所测定的宝玉石学特征（折射率、消光现象、二色性、典型吸收光谱、比重、表面特征及内部特征等）对宝玉石进行系统鉴定。

③能够对实验室常规宝玉石鉴定仪器常见故障进行基本的诊断和处理。

【素质目标】

①具备良好的职业素质、团队精神与协作能力。

②具备一定宝玉石鉴定的岗位意识及岗位适应能力、严谨的检测态度、细致的服务意识。

③具备文献检索、资料查找与自主阅读能力。

④具备一定的将专业知识与实际操作技能灵活结合的素质。

案例导入

国家首饰质量监督检验中心（National Jewelry Quality Supervision and Inspection Center，简称NJQSIC）是国家质量监督检验检疫总局依法授权的国家级质检机构，并经中国合格评定国家认可委员会认可。主要检测业务范围有宝玉石鉴定、钻石分级、观赏石鉴定、贵金属纯度检测、首饰中贵金属镀层的厚度和镍释放量及首饰中有害元素的测定。

其中，宝玉石鉴定、钻石分级、观赏石鉴定等检测项目需要使用到宝玉石显微镜、折射仪、电子天平、偏光镜、二色镜、分光镜、查尔斯滤色镜、紫外荧光灯、热导仪、钻石确认仪等多种常规的检测仪器。

任务1 折射仪的使用

折射仪是宝玉石测试仪器中最为重要的仪器之一，可以较为准确地测试出宝玉石的折射率值、双折率值。并且通过测试过程中折射率变化的特点，还可以进一步确定出宝玉石的光性，如光轴性质、光性符号等。折射仪不仅可以测量抛光的平面，还可以用点测法（远视法）测试抛光的弧面。因此，宝玉石的折射率几乎可以提供宝玉石全部的晶体光学性质，为宝玉石的鉴定提供关键性的证据。

图1.1 折射仪

图1.2 折射油

1.1.1 折射仪的工作原理及结构

1）工作原理

折射仪的基本原理，是光波传播经由光密介质进入光疏介质时，当入射角度达到一定程度将会发生全反射现象（参照项目2光学知识），而发生全反射的临界角大小，与介质的折光率有关。固定一方介质，则另一方介质（样品）的折射率可由临界角的测定与换算获得。

当光由光密介质斜照入光疏介质时会发生三种现象，即当入射角 i 小于临界角 γ 时光线发生折射现象，入射角 i 等于临界角 γ 时不发生折射现象，入射角 i 大于临界角 γ 时发生全内反射现象。

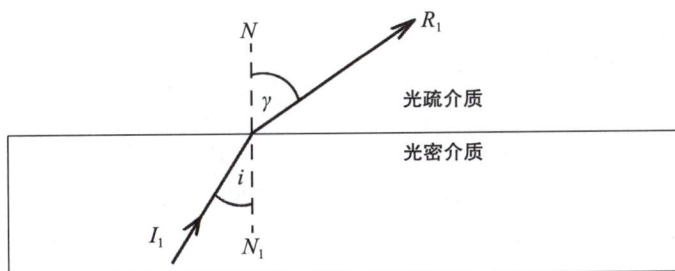
图1.3 当入射角小于临界角时发生折射现象

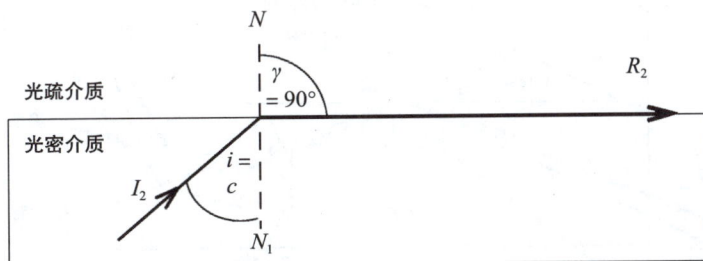
图1.4 当入射角等于临界角时不发生折射现象

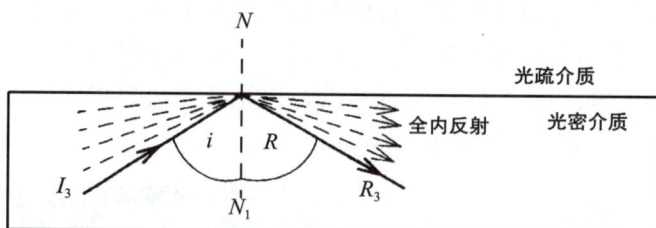

图1.5 当入射角大于临界角时发生全内反射现象

在折射仪中，折射仪的棱镜和接触液则为光密介质，而宝玉石为光疏介质。因此，当入射角小于临界角时，光线折射进入宝玉石，逸出折射仪的光路。当入射角大于临界角时，光线发生全反射，返回棱镜并通过折射仪标尺，再经反射镜的反射，改变光线的传播方向，通过目镜射出，进入人眼，形成亮区。折射入宝玉石的光线不能被人眼所观察到，形成暗区。所以，在临界角的位置，可看到明暗界线，并依此测定临界角的大小。

折射仪的棱镜的折射率（n棱镜）为一固定不变的值，可以用公式：

$$n宝玉石 = n棱镜\sin\alpha \quad (\alpha 为临界角)$$

求出被测宝玉石的折射率。折射仪标尺上的刻度所表示的数值是临界角换算出的折射率值，可以直接读数。在折射仪中人们观察的方向，入射角小于临界角时，因折射而出现暗区，入射角大于临界角时，因全内反射而出现亮区。因此临界角大小可以用明暗区域交线指示。

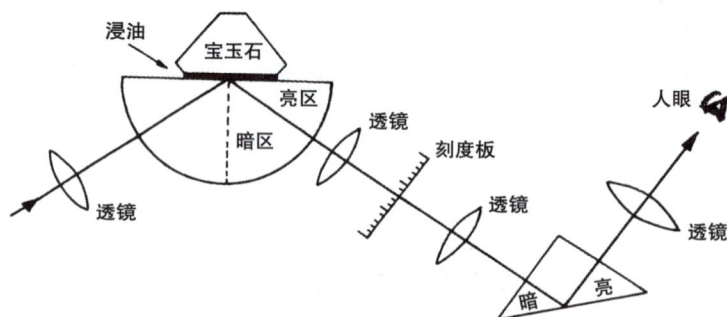

图1.6 折射仪的工作原理

2）结构

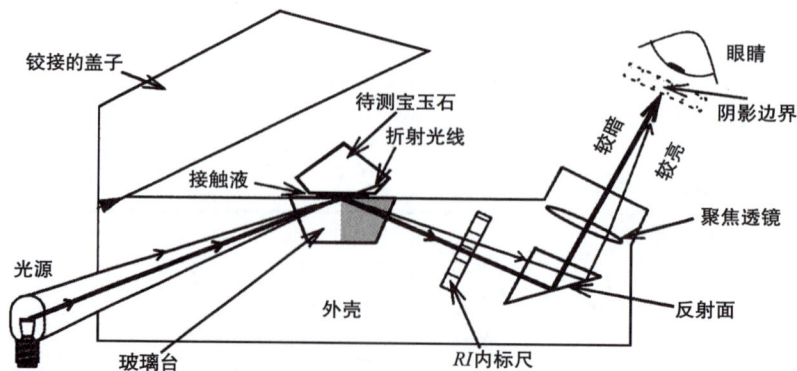

图1.7 折射仪结构图

折射仪主要由高折射率棱镜（铅玻璃或立方氧化锆）、反射镜、透镜、标尺和目镜等组成。在使用中，还需要接触油、黄色单色光源（钠光源，$\lambda = 589.5$ nm）、偏振片等附件。

入射光如果是自然光，将会形成彩虹状读数阴影边界，影响真正读数。为此，一般选用589 nm的黄光，它可以通过钠光灯、发黄光二极管（LED），或者在光源或目镜加黄色滤色片获得。

接触液，成分为二碘甲烷，加入硫可调至RI（折射率）为1.78，若再加入18%的四碘乙烯，折射率可调至1.81。因为毒性大，一般不调至1.81。折射仪的测量范围取决于折射油的折射率。

由于玻璃台及接触液折射率值的限制，某些宝玉石的折射率值大于它们也是很正常的。这时由于无法满足全反射发生的条件，折射仪不能测定此类宝玉石的折射率，此上限值为1.81。实际上，由于标尺的范围有限，折射率小于1.35的宝玉石，折射仪也是无法测定的。

1.1.2　操作方法

1）精确测量法

可测出宝玉石的精确折射率值（RI），读数可精确到小数点后第二位，第三位为估读数，如在折射仪上读取尖晶石的折射率值为：$RI = 1.718$。

（1）适用对象

具有面积 > 2 mm^2 的光滑平整刻面的宝玉石。

（2）接触液

接触液又称折射油。

①作用：使待测宝玉石与折射仪棱镜测台形成紧密的光学接触。

②注意：勿与口、鼻、眼接触，如不慎接触，须用大量清水清洗。

（3）操作步骤

使用仪器前需用合成尖晶石或水晶校正仪器误差。

①擦净测台棱镜和宝玉石，选取最大、最平整光滑的刻面置于测台一侧的金属台上。

②打开电源，与折射仪相接，在棱镜测台中央点一滴接触液，直径1~2 mm即可。

③用手轻推待测宝玉石至棱镜中央。

④眼睛靠近目镜观察阴影边界，读数记录；若阴影边界不清晰，可加偏光片观察，转动其到阴影边界清晰时读数记录。

⑤转动宝玉石180°，每隔15°或25°（或45°）按前一步骤读数记录，分析所获各折射率（RI），选取宝玉石的最大折射率值（RI_{max}）和最小折射率值（RI_{min}）进行记录，相减后获取双折射率（DR），注意折射率的移动规律，判断宝玉石的轴性和光性符号。

⑥取下宝玉石，擦净宝玉石与测台，关闭电源，洗净双手。

| 30° | 60° | 90° |
| 120° | 150° | 180° |

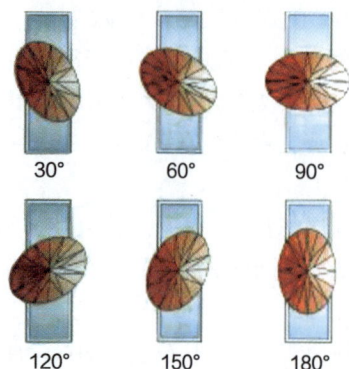

图1.8 近视法测量宝玉石折射率的方法

折射油
宝玉石
棱镜测台
金属测台

图1.9 点测法

2）远视法

远视法又叫点测法，只可得到宝玉石的近似RI，无法测得DR、判断轴性和光性符号；读数时估读到小数点后第二位，并以"±"符号标之或在记录的读数后加上点测，即1.67±或RI＝1.67（点测）。

（1）适用对象

弧面型、珠型、随型或抛光不好、无平整光滑刻面的宝玉石。

（2）操作步骤

①擦净待测宝玉石和棱镜测台，接好电源与折射仪，打开电源。

②将接触液滴在金属台上（棱镜测台旁），手持待测宝玉石沾一点接触液，将沾有接触液的部位置于棱镜测台中央，注意宝玉石长径方向最好与棱镜长边一致。

③去掉偏光片，眼睛远离折射仪目镜窗口30～35 cm处观察，头部略微上下移动，在折射仪内部的标尺上寻找宝玉石轮廓的影像点（常为圆形或椭圆形），分析影像并读数记录。

④取下宝玉石，清洁宝玉石、棱镜测台和金属台，关闭电源。

1.1.3 观察现象及结论

1）精确测量法

（1）单折射宝玉石

待测宝玉石在折射仪上转动180°，始终只有一条阴影边界，说明该宝玉石为单折射宝玉石。

（2）一轴晶宝玉石

待测宝玉石在折射仪上转动180°，出现两条阴影边界，一条阴影边界固定不变，另一条发生移动，说明该宝玉石为一轴晶宝玉石。如果变化的折射率值为大值，则为一轴晶正光性宝玉石；如果变化的折射率值为小值，则为一轴晶负光性宝玉石。

（3）二轴晶宝玉石

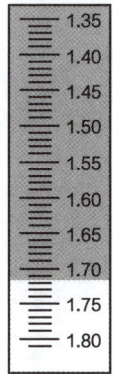

图1.10 单折射宝玉
石：尖晶石在折射
仪中的阴影边

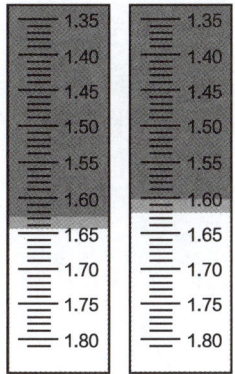

图1.11 一轴晶宝玉石：
碧玺在折射仪中的阴影
边界

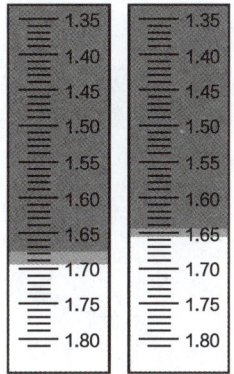

图1.12 一轴晶宝玉石：
橄榄石在折射仪中的阴
影边界

待测宝玉石在折射仪上转动180°，两条阴影边界都移动，说明该宝玉石为二轴晶宝玉石。如高值移动范围大，说明为二轴晶正光性；如低值移动大，说明为二轴晶负光性。使用精确测量法时折射仪中的现象总结如表1.1所示。

表1.1 折射仪中的现象总结

旋转宝玉石180°	一条阴影边界	值变	DR很大，高值超出折射仪测量范围，如菱锰矿（1.58～1.84，0.220）			
		值不变	边界清晰	均质体		
			边界模糊	DR很小或为多晶质集合体		
	两条阴影边界	非均质体	一条动一条不动	一轴晶（U）	高值动	U（+）
					低值动	U（−）
				假一轴晶	Nm与Np或Ng很接近	
				二轴晶（B）	为垂直Nm、Np、Ng的切面	
			两条都动	二轴晶（B）	高值移动的范围大	B（+）
					低值移动的范围大	B（−）
			两条都不动	换刻面再测	一条动一条不动	如上述
				一轴晶（U）	平行于光轴的切面	换刻面再测
	无影像	宝玉石的折射率超过测量范围（$RI > 1.81$或$RI < 1.35$）				
		宝玉石刻面抛光不好、接触液过多或过少等原因				

2）点测法

（1）半明半暗法

半明半暗法又叫50/50法，观察者视线前后移动，通过目镜筒，可以看到样品影像沿标尺上下移动，同时出现明暗变化现象，当影像到半明半暗的位置时，影像中部指示的读数就是样品的折射率值。

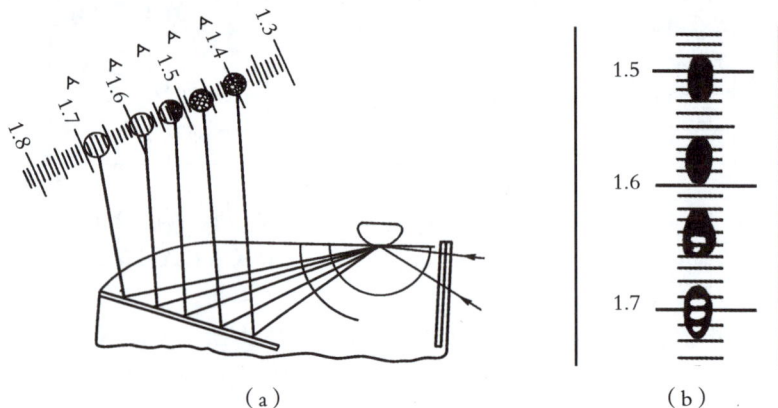

图1.13 半明半暗法读数示意图

（2）明暗法

影像点在移动过程中迅速由暗变亮或由亮变暗的位置读数。

（3）均值法

影像点在移动过程中亮度在一定的范围内连续变化，由暗渐亮或由亮渐暗，取最后一个全暗的影像位置读数A与第一个全亮的影像位置读数B，这两个读数的平均值（中间值）即为宝玉石的近似RI：$RI = (B - A)/2$。

注意：$RI > 1.81$的宝玉石，影像点在折射仪内部的标尺范围内始终为全暗。

1.1.4 折射仪操作的注意事项

折射仪在进行读数时，需要注意一些操作细节，不然则会导致读数出现较大偏差而影响鉴定结果。同时在使用折射仪进行测试的过程中，也必须注意如何正确操作才能避免损坏折射仪和宝玉石。

折射仪操作的注意事项归纳如下：

①测台棱镜硬度小，易划伤，操作时应轻拿轻放，避免以宝玉石底尖接触测台。

②宝玉石和测台棱镜使用前后须擦干净。

③折射油不宜滴多，滴多会使宝玉石浮于其上，导致读数不准确。

④如果折射油挥发并结晶出硫化物晶体（淡黄色），应使用稍多的折射油使之溶解，然后擦去。

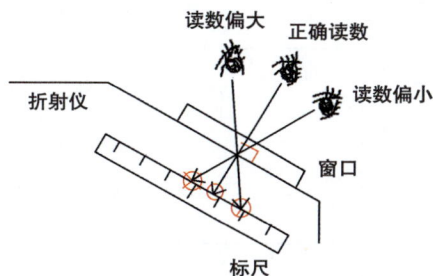

图1.14 读数时的正确姿势

⑤旋转宝玉石测试时，要注意始终保持宝玉石与棱镜紧密的光学接触。

⑥读数时，姿势要正确，视线要垂直标尺读数（如图1.14所示）。

⑦长期不使用折射仪时，金属台面应涂上一层凡士林，以防生锈。

⑧测试前应先将折射仪校正，明确误差，用合成尖晶石或水晶来进行校正。

⑨多孔、结构疏松的宝玉石，不要放在折射油上测试，以免污染宝玉石，如绿松石、有机宝石。

⑩任何类似钻石的宝玉石，切忌放于测台上测试。

⑪双折射率太大，只能读到一条阴影边界时，注意用其他方法辅助鉴定，是否为各向同性或各向异性。

⑫对于宝玉石不同部分测出不同值，注意观察其是否为拼合处理的。

⑬注意某些样品不同部位所测的RI值可能不同。这是由于样品为多矿物集合体而造成的，如独山玉：斜长石1.56±，黝帘石1.70±。

⑭所测宝玉石必须为抛光，无严重擦痕。

⑮对于$RI > 1.81$（取决于折射油的RI）的宝玉石，无法测出具体的值。

⑯双折射率太小，可能被误认为是单折射宝玉石，如磷灰石（$DR = 0.003$）；DR太大，有一值超出测量范围，也可能被误认为是单折射宝玉石，如菱锰矿（$1.58 \sim 1.84$）。

⑰二轴晶的宝玉石中，α与β或β与γ之间的变化值很小时，可能被误认为是一轴晶的宝玉石，如黄玉被误认为是假一轴晶。

⑱特殊的光性方向，无法测到DR的具体值，或被误判双折射为单折射宝玉石，需换刻面测试或用偏光仪验证。

⑲折射仪无法区分一些经优化处理和合成的宝玉石，如红宝石与合成红宝石。

1.1.5 自测

用近视法和远视法分别测量宝玉石的折射率，按照要求填写表格。

表1.2 自测表

编号	名称	颜色	$RI_{小}$	$RI_{大}$	DR	$RI_{近似}$	轴性

续表

编号	名称	颜色	$RI_{小}$	$RI_{大}$	DR	$RI_{近似}$	轴性

任务2　分光镜的使用

宝玉石的颜色是宝玉石对不同波长的可见光选择性吸收造成的。未被吸收的光混合形成宝玉石的体色。宝玉石中的致色元素常有特定的吸收光谱。通过观察宝玉石的吸收光谱，可以帮助鉴定宝玉石品种，推断宝玉石的致色原因，研究宝玉石颜色的组成。

1.2.1　分光镜原理及结构

1）宝玉石的颜色成因

宝玉石中的致色元素主要为Ti、V、Cr、Mn、Fe、Co、Ni、Cu等过渡金属元素。除过渡金属元素外，某些稀土元素（如钕和镨）以及某些放射性元素（如铀），也会使宝玉石致色。

图1.15　三元色互补图

2）宝玉石的颜色成因

表1.3 宝玉石的颜色成因

致色元素	符号	颜色	实例
钛和铁	Fe、Ti	蓝	蓝锥矿、蓝色蓝宝石
钒	V	绿	祖母绿（南非）、钒钙铝榴石、水钙铝榴石
		蓝	坦桑石
		紫	合成变色蓝宝石
铬	Cr	绿	祖母绿、变石、绿玉髓、铬透辉、翡翠、翠榴石
		红	红宝石、红色尖晶石、粉色托帕石
锰	Mn	粉	芙蓉石、粉色碧玺、菱锰矿、蔷薇辉石
		橙	锰铝榴石、紫锂辉石
铜	Cu	蓝或铜	蓝铜矿、孔雀石、绿松石、透视石
铁	Fe	蓝	蓝色蓝宝石、蓝色尖晶石、蓝色碧玺、海蓝宝石
		绿	绿色蓝宝石、绿色尖晶石、绿色碧玺、橄榄石、硼铝镁石
		黄	黄晶、黄色绿柱石、金绿宝石、黄色蓝宝石
		红	铁铝榴石、镁铝榴石
钴	Co	粉	粉色方解石、粉色菱镁矿
		蓝	合成蓝色尖晶石、玻璃、合成石英
镍	Ni	绿	合成黄绿色蓝宝石、绿色玉髓
		黄或橙	黄色或橙色蓝宝石
稀土元素	Nd、Pr	黄	赛黄晶、榍石、重晶石、磷灰石
		绿	磷灰石、某些绿色萤石
放射性元素	U	橘	锆石

3）分光镜的类型

根据色散元件的不同，分光镜可分为两种类型：

（1）棱镜式分光镜

棱镜式分光镜采用三角棱镜作为其色散元件。当白光通过狭缝后，成为平行光束。不同波长的光经过棱镜后折射方向不同，但同一波长的光束仍保持平行。穿过棱镜的光波最后汇聚到成像焦平面上，不同波长的光波汇聚点不同，形成一系列不同颜色的像，即形成光谱。

（2）光栅式分光镜

光栅式分光镜采用光栅代替棱镜做色散元件。光栅是一种具周期性的空间结构或光学性能的衍射屏，是一种十分精密的分光元件。当白光透过光栅后，产生衍射，形成一系列光谱。

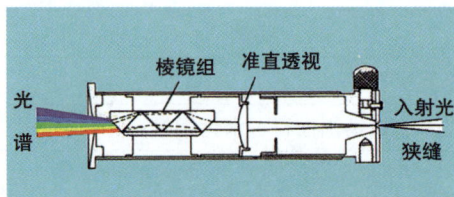

图1.16 宝玉石的照明

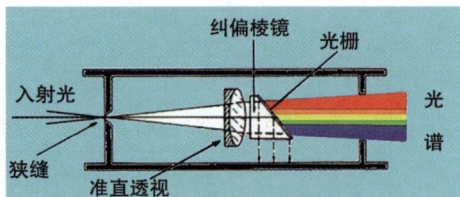

图1.17 光栅式分光镜结构图

棱镜式分光镜	光栅式分光镜
1. 透光性好，可产生一段明亮光谱。	1. 能产生线性光谱，也就是说所有的波长都是等间距排列的。
2. 光谱区间及刻度不均匀，呈不等间距排列，光谱的蓝紫区相对扩宽，红光区相对压缩。	2. 透光性差，需要强光源照明。
3. 红光区分辨率要比蓝光区差。	3. 红光区分辨率比棱镜式要高。

　　光栅式分光镜的光谱排列等距；棱镜式分光镜的光谱是非等间距的，红光区相对收敛，紫光区相对发散。光栅式分光镜有利于观察红区光谱的特征，棱镜式分光镜宜于观察紫区光谱的特征。

1.2.2　分光镜的使用方法

1）透射光法

　　适用范围：适用于半透明到透明、颗粒较大的宝玉石，可保证足够的光能透过宝玉石进入分光镜。

　　①宝玉石置于光源上方，使光线透过宝玉石。

　　②分光镜方向与透过宝玉石方向平行，并且使得光线进入分光镜。

　　③读取宝玉石吸收光谱中黑带或黑线的位置。

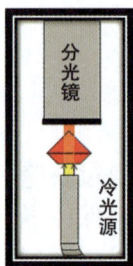

图1.18 透射光法　　　　图1.19 内反射法

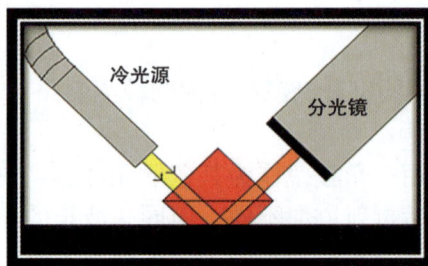

2）内反射法

　　适用范围：颜色较浅，宝玉石颗粒较小的透明宝玉石。

①宝玉石台面向下置于黑色背景上。

②调节入射光方向与分光镜的夹角，增加光线在宝玉石中的光程使尽可能多的白光经过宝玉石的内部反射后进入分光镜。

③读取宝玉石吸收光谱中黑带或黑线的位置。

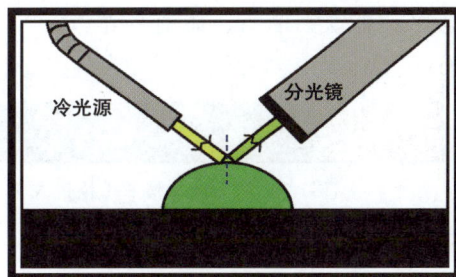

图1.20 表面反射法

3）表面反射法

适用范围：透明度不好的宝玉石

①宝玉石台面向下置于黑色背景上。

②调节入射光方向与分光镜的夹角，使尽可能多的白光经宝玉石表面反射后进入分光镜。

③读取宝玉石吸收光谱中黑带或黑线的位置。

1.2.3 分光镜的注意事项

①照明光源应为白光源（连续光谱），光源既不能有发射谱线也不能有吸收谱线。如太阳光和室内照明用日光灯，都有发射光谱，不能用做分光镜的照明光源。因此最好采用白炽灯、手电筒或特制光纤灯做光源。

②宝玉石的大小。宝玉石较小，其光谱中的吸收线（带）可能相对较弱。

③宝玉石颜色的深浅。同种宝玉石的颜色越深，吸收越强，光谱就越清晰。

④宝玉石的透明度。对于透明宝玉石而言，穿过宝玉石的光程越长，光谱越清晰；而对于半透明宝玉石而言，穿过宝玉石的光程要适当。

⑤分光镜狭缝应保持清洁，若有灰尘，会在光谱上产生黑色水平线。

⑥宝玉石长久受光源热辐照，光谱会逐渐模糊甚至完全消失。

⑦应该注意的是，不是所有的宝玉石都产生吸收光谱。另外，测试时勿用手持样品，因为血液会产生波长为592 nm的吸收线。

1.2.4 常见典型吸收光谱

1）Cr^{3+} 特征光谱

Cr^{3+}离子具有很强的致色作用，其吸收光谱总体上是透过红光，吸收黄绿光，透过蓝光，吸收紫光。最为特征的是，在透光的红光区中有吸收线。

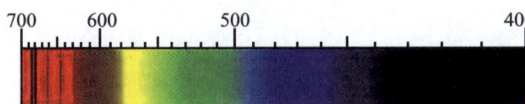

图1.21 红宝石（棱镜式）吸收光谱

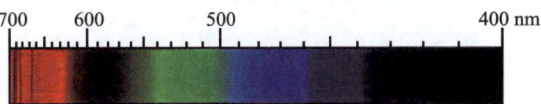

图1.22 祖母绿（棱镜式）吸收光谱

2）Fe^{2+} 的特征光谱

Fe^{2+}具有很强的致色作用，但是吸收的波段变化较大，既有导致宝玉石呈绿色的红光区吸收，又有导致宝玉石呈红色的蓝光区吸收。出现的特征吸收线（带），主要位于绿区和蓝区，如铁铝榴石、橄榄石等。

图1.23 红色铁铝榴石（棱镜式）

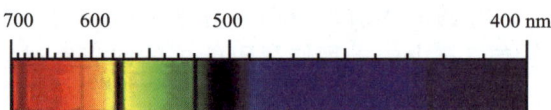

图1.24 橄榄石（棱镜式）

3）Fe^{3+} 的特征光谱

Fe^{3+}的致色作用不强，通常是导致黄色，在蓝紫光区有吸收窄带，如黄色蓝宝石和金绿宝石等。

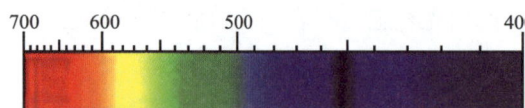

图1.25 黄色蓝宝石（棱镜式）

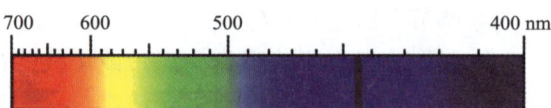

图1.26 金绿宝石（棱镜式）

4）Co^{2+} 的特征光谱

Co^{2+}具有很强的致色作用，产生鲜艳的蓝色，通常在橙光区、黄绿区、绿区有强吸收带。由于地壳中Co的丰度很低，很少有Co^{2+}致色的天然宝玉石，因此，Co^{2+}的特征光谱又有指示合成或者人造宝玉石的作用。

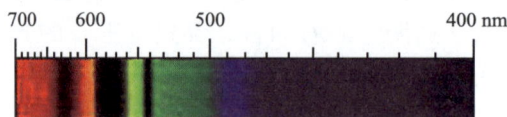

图1.27 合成蓝色尖晶石（棱镜式）

5）Mn^{3+} 的特征光谱

Mn^{3+}的致色作用比较弱，最强的吸收位于紫区并可延伸到紫区外，部分蓝区有吸收，致色宝玉石主要呈现粉红或橙红，如菱锰矿、蔷薇辉石。例如锰铝榴石的吸收带位于紫区的432 nm。

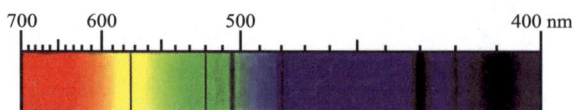

图1.28 黄色锰铝榴石（棱镜式）

6）稀土元素的特征光谱

稀土元素的吸收光谱常形成特有的细线，如黄色的磷灰石常有位于黄光区的细线。铀虽不能导致鲜明的颜色却能产生明显的吸收谱，例如绿色锆石可以出现10多条吸收线均匀地分布在各个色区。

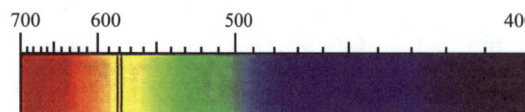

图1.29 磷灰石（棱镜式）

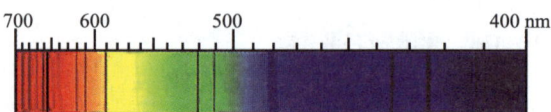

图1.30 绿色锆石（棱镜式）

1.2.5　分光镜异常现象的解释

现象1：已知某些宝玉石没有典型吸收光谱，但在观察过程中，仍然发现在黄绿区或者其他区域发现有吸收线。

分析1：人的血液会产生波长为592 nm的吸收线，此外某些眼镜也有吸收光谱，测试前应检查。

现象2：分光镜中出现穿越各个色区的水平黑线。

分析2：分光镜的夹缝中有灰尘，或者其他原因导致该现象出现，分光镜需检修。

现象3：观察时间长后，宝玉石的吸收光谱模糊甚至消失。

分析3：光有热辐射，宝玉石长时间受热对于吸收光谱的清晰程度具有一定的影响。

现象4：已知宝玉石具有吸收光谱但是无法观察到。

分析4：杂质元素的含量会影响吸收光谱的明显程度，可以尝试转动宝玉石，增加光在宝玉石中透过的距离来解决此问题。

1.2.6　分光镜的用途

①可帮助鉴定具有典型光谱的宝玉石名称。如：锆石 653.5 nm典型吸收线具有鉴定意义；钻石415.5 nm典型吸收线具有鉴定意义。

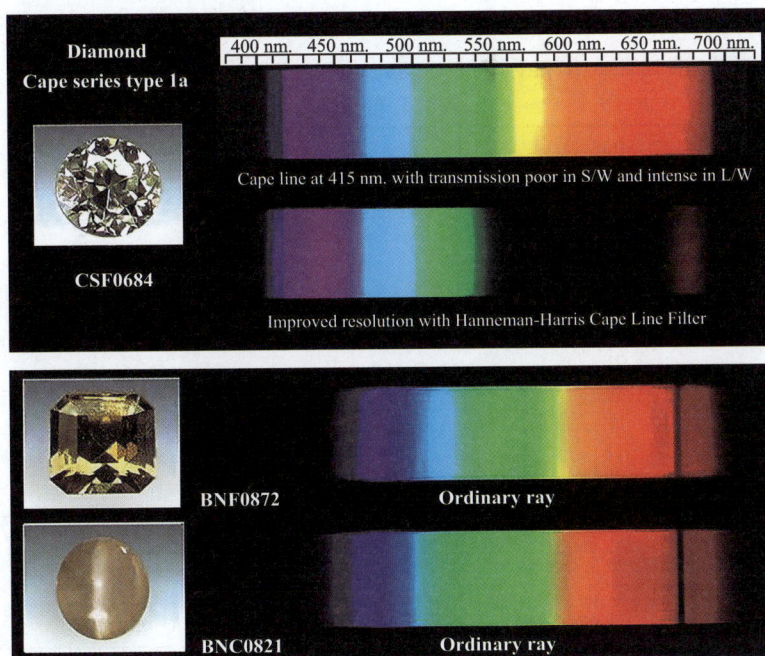

图1.31　钻石与锆石的吸收光谱

②帮助区分某些天然宝玉石与合成宝玉石。如：天然蓝色尖晶石显复杂的铁谱；合成蓝色尖晶石显典型的钴谱。

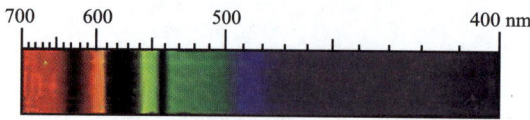

图1.32 合成尖晶石

图1.33 天然尖晶石

③帮助区分某些天然宝玉石与人工处理宝玉石。如：天然绿色翡翠红光区630～690 nm处显三条阶梯状吸收谱；染色翡翠（人工处理）红光区显模糊吸收带。

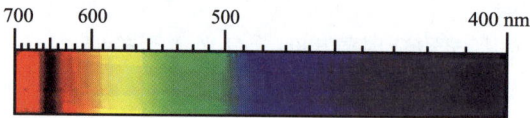

图1.34 染色翡翠

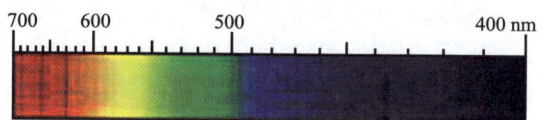

图1.35 天然翡翠

④帮助确定宝玉石中的致色离子。如：红宝石显铬谱、橄榄石显铁谱、合成蓝色尖晶石显钴谱、锆石显稀土谱。

图1.36 Cr谱

1.2.7 自测

将观察的现象分别画在光谱框内的各个色区中，色区波段要标明，并加以文字描述。

表1.4 自测表

编号	观察内容	吸收光谱特征
	1. 颜色	700 nm　　　　600 nm　　　　500 nm　　　　400 nm
	2. 琢型	
	3. 透明度	描述：
	1. 颜色	700 nm　　　　600 nm　　　　500 nm　　　　400 nm
	2. 琢型	
	3. 透明度	描述：
	1. 颜色	700 nm　　　　600 nm　　　　500 nm　　　　400 nm
	2. 琢型	
	3. 透明度	描述：

续表

编号	观察内容	吸收光谱特征			
	1. 颜色	700 nm	600 nm	500 nm	400 nm
	2. 琢型				
	3. 透明度	描述：			

任务3　偏光镜的使用

　　偏光镜是一种比较简单的仪器，可以方便快捷地测定宝玉石的光性，主要区别均质体宝玉石、非均质体宝玉石和多晶集合体宝玉石，还可以进一步测定宝玉石的干涉图（光轴图），确定一轴晶或者二轴晶。根据偏光镜的体积及便携程度，偏光镜可分为：便携式偏光镜、台式偏光镜、带偏光功能的宝玉石显微镜。

图1.37　便携式偏光镜　　　　图1.38　台式偏光镜　　　图1.39　带偏光功能的宝玉石显微镜

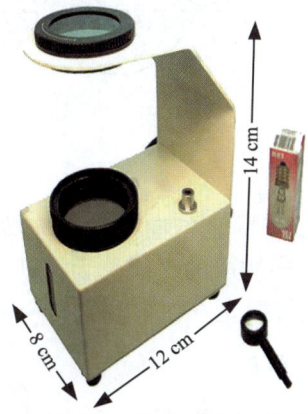

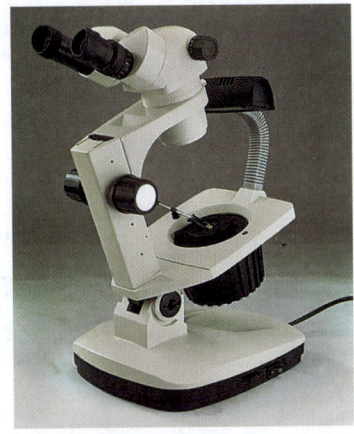

1.3.1　偏光仪的仪器结构

　　偏光仪由一个装灯的铸件和两个偏振片（即上下偏光镜）所构成。在检测宝玉石时，首先应使上下偏光处于正交位置（视域黑暗），然后再在两偏光片之间转动宝玉石进行观察。此外，为便于观察干涉图（光轴图），多配有干涉透镜或者干涉球。

（1）上偏光片
可以转动，又称检偏镜，检查透过样品的偏振光的方向。

（2）下偏光片
固定不动，又称起偏镜，使光源的自然光成为线性偏振光。

（3）光源：白色的自然光。

图1.40 偏光仪的仪器结构

1.3.2 偏光镜的工作原理

1）自然光（非偏正光）

从一切实际光源直接发出的光波，一般都属自然光，如太阳光、白炽灯光等。 自然光的特点：是在垂直光波传播方向的平面内，沿各个方向都有等振幅的光振动。

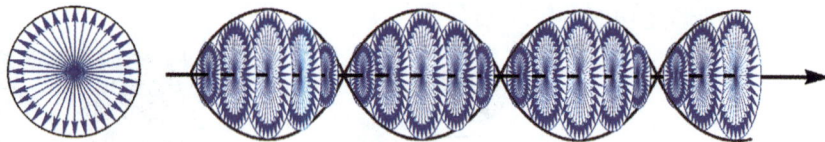

图1.41 自然光

2）偏振光

仅在垂直光波传播方向的某一固定方向振动的光波称为平面偏振光，简称偏振光或偏光。偏振光的振动方向与传播方向构成的平面称为振动面。自然光可以通过反射、折射、双折射及选择性吸收等作用转变成偏振光。使自然光转变成偏振光的作用称为偏振化作用。

图1.42 偏振光

3）偏光片

在光学实验中将自然光转变为偏振光的装置称为偏光片（或起偏器）。偏光片通常根据光的选择性吸收作用或双折射作用（尼科尔棱镜）产生偏光的原理制作而成。目前广泛使用的偏光片是用赛璐珞或其他透明材料的薄片制成的，表面涂了某种细微的晶体物质（例如硫酸奎宁），这种微晶按一定方向排列，能吸收某些方向的光振动，而只让与这个方向垂直的光振动通过。为了便于说明，偏振片上标出允许通过光的振动方向，这个方向叫作偏振化方向。

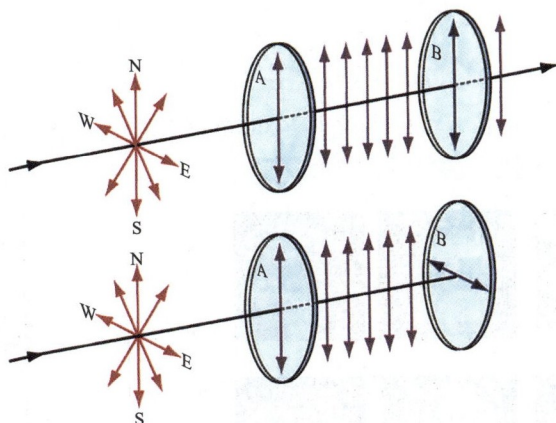

图1.43 偏正光的产生

在测试时，首先使上下偏光镜的振动方向处于正交位置，这样仪器光源发出的自然光经过下偏振片（起偏镜）后形成的线性偏振光就不能通过上偏振片（检偏镜），这时，从检偏镜向下看整个视域是暗的。如果在上下偏光镜之间存在双折射的透明宝玉石，当偏光镜发出的线性偏振光通过宝玉石时，如果振动方向与宝玉石双折射的振动方向不平行，线性偏振光的振动方向就会发生偏转，使得有部分光线可以通过仪器的检偏镜，这样，样品转动就会产生明暗变化的现象，即所谓的全消光效应。

1.3.3 偏光仪的操作

首先接上电源打开开关，转动上偏振片，直到视域变暗，把样品放在载物台上，一边旋转载物台，一边通过上偏光片观察样品的消光反应。若出现四明四暗的现象，可加干涉球进一步观察宝玉石的光轴图。

①清洁宝玉石，观察宝玉石是否透明。

②打开电源，调节上偏光片与下偏光片成正交位置（视域全暗）。

图1.44 将平行偏光调整至正度偏光

③将宝玉石放于载物台上，旋转物台360°，观察宝玉石的现象，换方向再测，综合分析记录现象，得出结论。

④如果是双折射宝玉石，用锥光镜旋转宝玉石各方位寻找光轴图，确定宝玉石轴性。

⑤取下宝玉石放好，关闭电源。

1.3.4 偏光仪的应用及现象解释

1）均质体

（1）全暗（全消光）

旋转宝玉石360°，透过宝玉石的偏光与上偏光方向垂直，无法透过上偏光，因此宝玉石始终全暗（全消光）。例如：尖晶石、玻璃等。

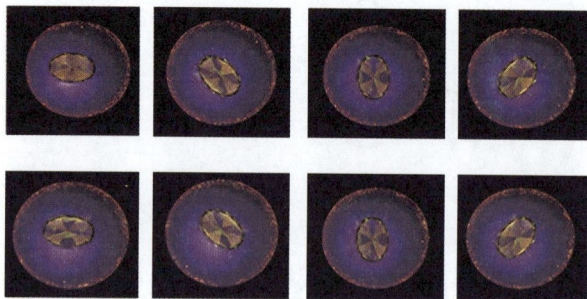

图1.45 全消光

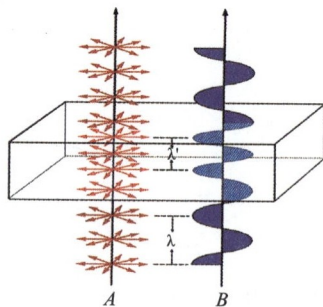

图1.46 自然光与偏振光进入均质体中的现象

（2）异常消光

宝玉石旋转360°，呈现明暗变化无规律的现象。常呈弯曲黑带、格子状、波状、斑纹状消光，由于均质体结构应力发生畸变导致。

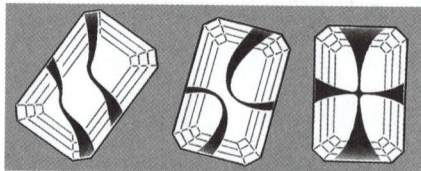

图1.47 异常消光的现象

2）非均质体

当宝玉石放置在偏光镜上旋转360°之后呈现四次规律的明暗交替变化（四明四暗）的现象时即判断为非均质体。

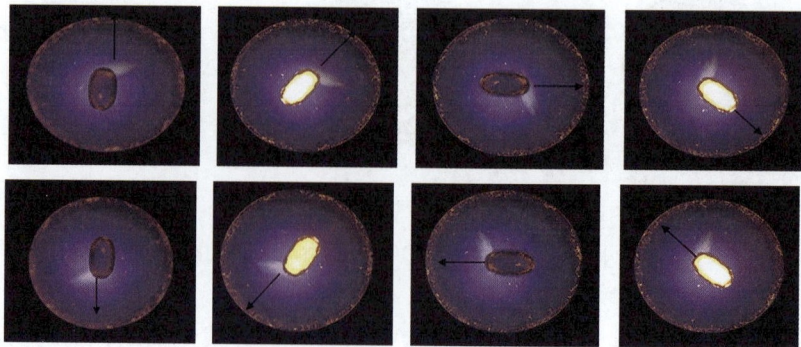

图1.48 非均质体四明四暗现象

①当下偏光方向与分解后其中一个方向一致，透过宝玉石的偏光与上偏光方向垂直，无法透过上偏光，因此宝玉石在该位置呈现全暗（360° 出现4次）。

②当下偏光方向与分解后的方向都不一致，下偏光进入宝玉石后分解成两束相互垂直的偏光，再进入上偏光最大合矢后透过，因此宝玉石在该位置呈现全亮（360° 出现4次）。

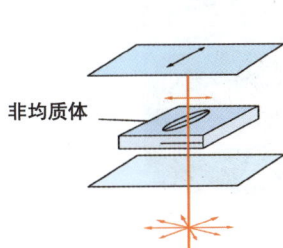
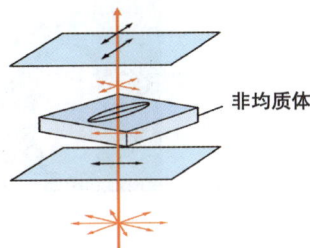

图1.49 全暗　　　　　　　　　　图1.50 全亮

③其他位置时，总有部分光透过，宝玉石呈现全暗—全亮的过渡状态。

④可加干涉球进一步区分宝玉石轴性。

a. 一轴晶。黑十字干涉图；牛眼干涉图（水晶）；螺旋桨干涉图（紫晶由于双晶结构导致，也称扭曲黑十字）。

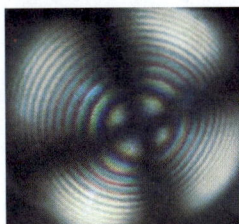
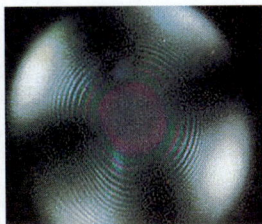
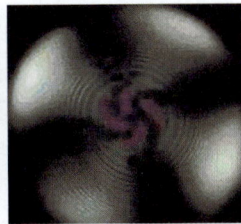

图1.51 黑十字干涉图　　　图1.52 牛眼干涉图　　　图1.53 螺旋桨状干涉图

b. 二轴晶。单臂干涉图或双臂干涉图。

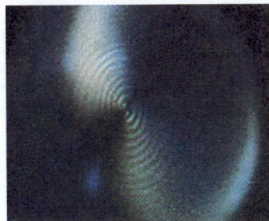
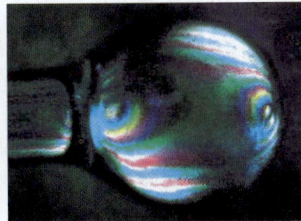

图1.54 单臂干涉图　　　　图1.55 双臂干涉图

观察干涉图技巧：转动宝玉石寻找干涉色，在干涉色最浓集的位置上方放置干涉球，寻找干涉图（当宝玉石为弧面型时可以直接观察）。

3）多晶集合体

当宝玉石在偏光镜上旋转360° 时，始终为全亮的现象时，即判断为多晶质体宝玉石。

（1）非均质集合体

其中任何位置上总有部分小晶体处于全亮或全亮向全暗过渡状态。例如：翡翠、软

玉、玛瑙等。

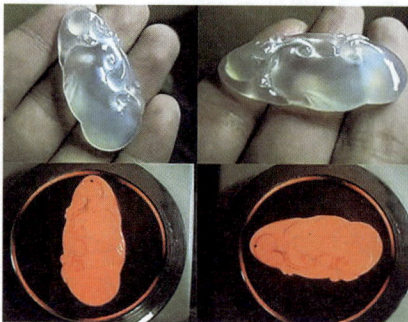

图1.56 集合消光

（2）均质集合体

宝玉石呈半亮，与全亮非常类似，是假集合消光，是光线被不透明的颗粒或者粗糙的表面漫射造成的。例如：半透明的绿色玻璃。

1.3.5　注意事项与局限性

在使用偏光镜对宝玉石的观察中要注意其适用范围及影响测试的各项因素。

①透明度差的宝玉石不宜采用该测试。

②瑕疵、裂隙多的宝玉石要多方向测试、细心观察后得出结论。某些裂隙多的非均质体宝玉石如祖母绿由于裂隙透光出现全亮的现象。

③多从几个方向测试，避免某些特殊光学方位影响结论。

④聚片双晶与多裂隙宝玉石在偏光测试中的现象为全亮，但注意其并非为多晶质，通过其他观察后在结论中要注明。例如，月光石在偏光镜下的现象为全亮但其结论却判断为非均质体（由于聚片双晶导致现象为全亮）。

⑤注意异常消光与四明四暗现象的区分。

⑥具有高RI、切工好的宝玉石样品测试时以亭部刻面与物台接触摆放，若台面向下摆放，可能因全内反射而使视域呈现全暗的假象。如钻石、合成立方氧化锆。

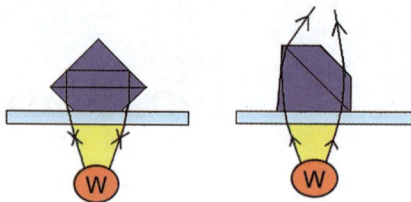

图1.57 宝玉石正确的摆放方式

1.3.6　偏光镜的用途

①区分均质体与非均质体及多晶质体。

②区分宝玉石的轴性（通过观察光轴图）。

③确定光轴方向。

④鉴定宝玉石品种：水晶的"牛眼干涉图"。

⑤观察多色性。

a. 转动上偏光片与下偏光片振动方向一致，即出现亮域。

b. 将宝玉石放于载物台上转动，如果是具有多色性的宝玉石，则在转动相隔90°时会出现不同的颜色。

1.3.7 自测

按照要求对不同类型的宝玉石进行偏光测试，并按照要求记录。

表1.5 自测表

编号	观察内容	偏光镜下特点
	1. 颜色 2. 琢型 3. 透明度	
	轴性	

任务4 二色镜的使用

二色镜是用来专门观察宝玉石多色性的一种常规仪器。多色性在某些情况下也是判定宝玉石品种的依据，尤其是当折射仪、偏光镜等仪器不能确定有色宝玉石是均质体还是非均质体时，二色镜能非常有效地判断有色宝玉石的光性特征。常见的有冰周石二色镜和伦敦二色镜。任务4以冰洲石为例做介绍。

图1.58 冰洲石二色镜

图1.59 伦敦二色镜

1.4.1 二色镜的工作原理

非均质体彩色宝玉石的光学性质随方向而异，对光波的选择性吸收及吸收总强度随光波在晶体中的振动方向不同而发生改变。因此在二色镜或单偏光镜下转动彩色宝玉石时，可以发现非均质体彩色宝玉石的颜色及颜色深浅会发生变化，这种由于光波在晶体中振动方向不同而使彩色宝玉石呈现不同颜色的现象称为多色性。

1）一轴晶彩色宝玉石

一轴晶彩色宝玉石可以有两种主要的颜色，它们分别与常光、非常光的方向相当。如利用二色镜观察山东蓝宝石，在垂直蓝宝石 Z 轴切面上观察时（观察方向平行 Z 轴），蓝宝石显深蓝色，且围绕 Z 轴转动宝玉石 $360°$，其颜色不发生变化，即 n_o 为深蓝色；在平行蓝宝石 Z 轴切面上观察时（观察方向垂直 Z 轴），当蓝宝石中气的振动方向和 n_o 的振动方向分别与二色镜冰洲石棱镜中 n_e、n_o 两个振动方向相一致时，目镜则显蓝绿色和深蓝色两种颜色，即 n_o 为深蓝色，n_e 为蓝绿色。当把蓝宝石晶体中 n_e 的振动方向和 n_o 的振动方向与二色镜冰洲石棱镜中 n_e、n_o 两个振动方向斜交时，则显示蓝绿色和深蓝色之间的过渡色。

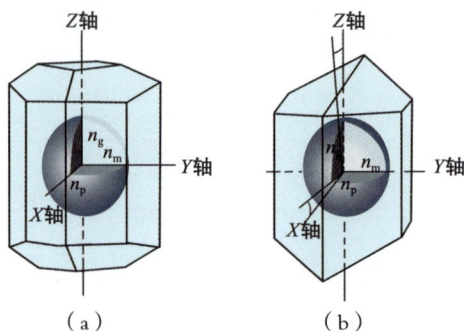

图1.60 一轴晶彩色宝玉石

2）二轴晶彩色宝玉石

二轴晶彩色宝玉石可以有三个主要颜色，它们分别与光率体三个主轴 n_g、n_m、n_p 相对应，在平行光轴面的切面中多色性最明显，它的两个颜色分别与 n_g 和 n_p 相当，在垂直光轴的切面上只显示一种颜色，此颜色与 n_m 相对应。宝玉石晶体的多色性明显程度与宝玉石的性质有关，也与所观察的宝玉石的方向性有关。在平行光轴或平行光轴面的切面内，多色性表现最明显，垂直光轴的切面则不显多色性；其他方向的切面上的多色性的明显程度介于上述二者之间。

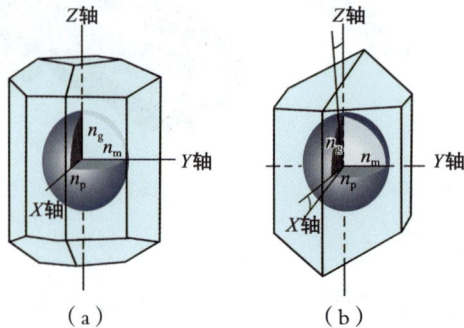

图1.61 二轴晶彩色宝玉石

当自然光进入非均质体宝玉石时，分解成两束振动方向相互垂直的偏振光，这两束光各自的传播方向也不同。非均质体宝玉石的各向异性导致了宝玉石对不同振动方向的光的吸收不同。只要能将这两种振动的光分离开来，就可能看到不同的颜色。

常用的二色镜是冰洲石二色镜，它由玻璃棱镜、冰洲石菱面体、透镜、通光窗口和目镜等部分组成。冰洲石具有极强的双折射，双折射率为0.172（$n_o = 1.658$，$n_e = 1.486$），它能将一束光分解成两条偏振光线。冰洲石菱面体的长度设计成正好可使小孔的两个图像在目镜里能并排成像。当观察具多色性的宝玉石时，冰洲石二色镜将透过宝玉石的两束偏振化色光再次分解，使两束偏光的颜色并排出现于窗口的两个影像中。均质体宝玉石不具各向异性，因此不存在多色性，观察到的两个窗口颜色相同。

图1.62 冰洲石菱面体重影现象

1.4.2 二色镜的结构

常用的二色镜是冰洲石二色镜，它由玻璃棱镜、冰洲石菱面体、透镜、通光窗口和目镜等部分组成。冰洲石具有极强的双折射，能把透过非均质宝玉石的两束偏振化色光再次分解，它的菱面体的长度设计成正好可使小孔的两个图像在目镜里能并排成像，使分解的偏振光的颜色并排出现在窗口的两个影像中。

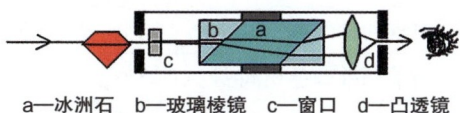

a—冰洲石 b—玻璃棱镜 c—窗口 d—凸透镜
图1.63 二色镜的结构示意图

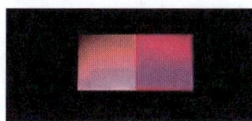
图1.64 并排影像

1.4.3 二色镜的使用方法

①用自然光（或白光）透射宝玉石样品。

②将二色镜紧靠宝玉石，保证进入二色镜的光为透射光。

③眼睛靠近二色镜，边转动二色镜边观察二色镜两个窗口的颜色差异。在观察时还需注意要转动宝玉石与二色镜，至少观察三个方向。

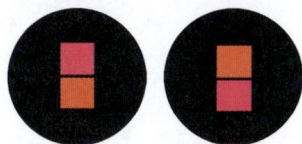
图1.65 宝玉石具有多色性

图1.66 宝玉石的颜色分布

④观察后旋转二色镜180°验证，如果是宝玉石的多色性，旋转后窗口中的两种颜色会发生对调。若宝玉石具有三色性，则转动宝玉石180°时，窗口中会出现第三种不同的颜色。

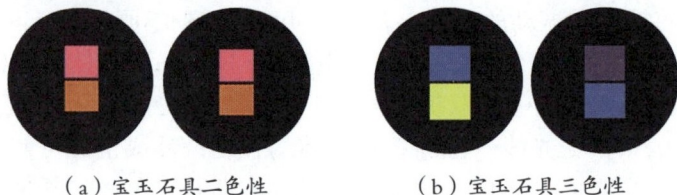

（a）宝玉石具二色性　　　　（b）宝玉石具三色性

图1.67 换方向测试

⑤记录并分析结果。两种或三种颜色的明显程度（强、中、弱）+ 颜色变化/无。

1.4.4 多色性的级别划分

只有有色透明的非均质宝玉石具有多色性，无色和均质体宝玉石不存在多色性，观察到的两个窗口颜色相同。根据多色性的强弱，通常可分为四级：

①强：肉眼即可观察到不同方向的颜色差异。如红柱石、堇青石等。

②中：肉眼难以观察到多色性，但二色镜下观察明显，如红宝石等。

③弱：二色镜下能观察到多色性，但多色性不明显，如紫晶、橄榄石等。

④无：二色镜下不能观察到多色性，如尖晶石，石榴石等均质体宝玉石和无色或白色的非均质体宝玉石。

多色性的强弱程度不仅取决于宝玉石本身的光性特征，同时还受到宝玉石的大小、颜色的深浅等因素的影响。通常单晶宝玉石的颗粒越大、颜色越深，多色性越明显。多色性观察现象及结论如表1.6所示。

表1.6 多色性观察现象及结论

现象	一种颜色	换方向观察	仍然是一种颜色	结论：均质体
			出现两种颜色	同上一步操作，结论如下
	两种颜色		与前两种颜色相同	结论：一轴晶或二轴晶
			出现第三种颜色	结论：二轴晶

1.4.5 二色镜在宝玉石鉴定中的用途

①辅助区分均质体与非均质体宝玉石，如红宝石与红色尖晶石。

②辅助区分一轴晶与二轴晶宝玉石，如堇青石三色性显著（蓝色、紫蓝色、浅黄色），为二轴晶宝玉石。

③辅助鉴定具有典型多色性的宝玉石，例如：红宝石：强，玫瑰红/橙红。

④辅助加工定向。

a. 确定光轴方向。

b. 具多色性的宝玉石台面应呈现最好的颜色。

1.4.6 注意事项

①光源应为白光，可用灯光或太阳光。绝不能用单色光、偏振光。观察时采用透射光。

②宝玉石一定为有色的单晶宝玉石，颜色越深、透明度越好则越易观察。集合体宝玉石一般无多色性，但对于同种矿物集合体，若具有明显的定向性，则在二色镜下也可能呈现多色性。

③宝玉石应尽量靠近二色镜的一端，眼睛靠近另一端，准焦。这样可保证有较多的透射光进入二色镜，并减少刻面的反射光进入二色镜。

④转动宝玉石或二色镜，从不同的方向观察宝玉石，可排除光线沿宝玉石的光轴传播所造成的无多色性假象，还可帮助判断弱多色性宝玉石。

⑤只有当通过宝玉石的偏振光振动方向与冰洲石光率体主轴一致时，所观察到的才是真正的多色性。不要将多色性的混合色当作第三种颜色（从而错误断定为具三色性）。

⑥在使用偏振片二色镜时，除了要保证充足的照明外，还应注意由于宝玉石颜色的不均匀（如色带或色域）而影响多色性的观察。

1.4.7 自测

正确使用二色镜观察不同类型的宝玉石，并记录。

表1.7 自测表

编号	宝玉石名称	观察内容	多色性变化特点
		1. 颜色 2. 形态或琢型 3. 透明度	
		1. 颜色 2. 形态或琢型 3. 透明度	

任务5 紫外灯的使用

紫外灯是一种重要的辅助性鉴定仪器，主要用来观察宝玉石的发光性（荧光）（见图1.67）。虽然荧光反应很少能作为判定宝玉石种属的决定性证据，但在某些方面可以快速地区分宝玉石品种。如：鉴别钻石与其仿制品、红宝石与石榴石等。

　　紫外线是波长在10～400 nm之间的电磁波，位于可见光和X射线之间，波长较可见光短，不能为人眼所观察到。实际应用的大多数是200～400 nm的紫外线。为方便起见又把这一部分紫外线划分成三部分：短波，200～280 nm；中波，280～315 nm；长波，315～400 nm。其中，长波和短波常被用于宝玉石鉴定。

图1.68　紫外荧光灯

图1.69　矿物在荧光灯下的发光现象

1.5.1　紫外灯的基本原理

　　①荧光：某些宝玉石材料在受到高能辐射，如紫外线、X-射线等，会发现可见光，激发源撤除后立即停止，这种发光现象称为荧光。

　　②磷光：当关闭高能辐射源，具有荧光的宝玉石材料继续发光的现象则称之为磷光。

　　紫外灯是用来测试宝玉石是否具有荧光和磷光的仪器。

　　紫外灯灯管能辐射出一定波长范围的紫外光波，经过特制的滤光片后，仅射出主要波长为365 nm的长波或253.7 nm的短波的紫外光。

　　根据宝玉石在长波紫外光和短波紫外光下的荧光特性可以帮助鉴定宝玉石。

1.5.2　紫外灯的结构

　　①紫外灯管，开关控制盒，提供紫外线的光源。

　　②特制滤光片——可发出长、短波紫外光。长波为365 nm；短波253.7 nm。

　　③暗仓，用于放置宝玉石。

　　④挡板（布）。

　　⑤观察窗口。

1.5.3　紫外灯的操作方法

　　①清洁待测宝玉石，放入暗仓，宝玉石尽量靠近灯源，盖上挡板（布）。

　　②打开电源，先选择长波紫外光LW（红色按钮）照射观察，再换短波紫外光SW（绿色按钮）照射观察。

　　③记录所用紫外光源类型和相对的宝玉石发光现象，记录格式：发光强度（强、中、弱）＋颜色/无。

　　④关闭电源，注意观察宝玉石是否继续发光（磷光），如果具有磷光，须记录。

　　⑤取出宝玉石放好。

1.5.4 紫外灯的用途

1）紫外灯可以帮助鉴定宝玉石品种

某些宝玉石种在颜色、外观上较为接近，如红宝石与石榴石、某些祖母绿与绿玻璃、蓝宝石与蓝锥矿，但它们之间荧光特性有明显差异，因此可借助荧光检测将它们区分开。

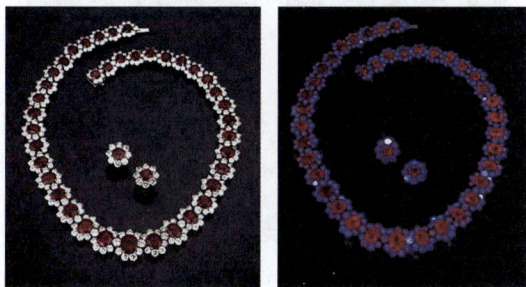

图1.70 红宝石荧光

2）帮助判别某些天然宝玉石和合成宝玉石

①天然红宝石由于或多或少含一些Fe，在紫外灯下荧光颜色不如合成品鲜艳明亮。

②天然祖母绿的荧光颜色，也常不如合成晶鲜艳。

③焰熔法合成黄色蓝宝石在长波下呈惰性或发出红色荧光，而某些天然黄色蓝宝石却呈黄色荧光。

④焰熔法合成蓝色蓝宝石呈浅蓝白或绿色荧光，而绝大多数天然蓝色蓝宝石却呈惰性。

3）帮助鉴定钻石及其仿制品

①钻石的荧光强度变化非常大，可以从无到强，也可呈现各种各样的颜色。有强蓝色荧光的钻石通常具有黄色磷光。

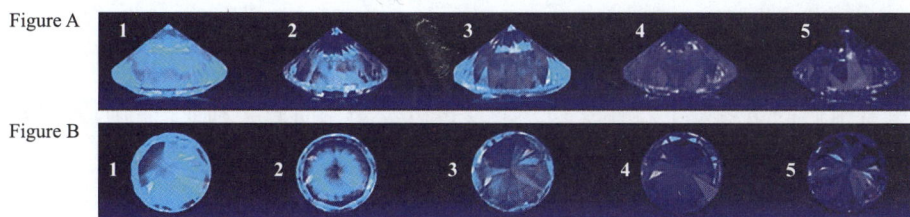

图1.71 钻石的荧光

②常见仿制晶如合成立方氧化锆在长波紫外线下呈惰性或发浅黄色荧光，人造钇铝榴石呈现黄色荧光，人造钆镓榴石则常呈粉红色。

因此，紫外灯对于鉴定群镶钻石十分有用，因为若都为钻石，其荧光发光强度和颜色不会均匀，而合成立方氧化锆、人造钇铝榴石等，其荧光强度则较为一致。

图1.72 群镶钻石荧光强度、颜色不均匀

4）帮助判断宝玉石是否经过人工优化处理

某些拼合石的胶层会发出荧光，某些注油的宝玉石和玻璃填充宝玉石其充填物可能会发出荧光，某些B货翡翠也会发出荧光。硝酸银处理黑珍珠无荧光，而某些天然黑珍珠可发出荧光。

图1.73 B货翡翠荧光

5）帮助判别某些宝玉石的产地

如斯里兰卡产的黄色蓝宝石在紫外光下发黄色荧光，而澳大利亚产的则无荧光。

1.5.5 紫外灯的注意事项

①紫外光对人体有伤害，测试时避免用眼睛直视灯管，放取宝玉石时应关闭电源，避免紫外线对手部皮肤的伤害。

②注意区分宝玉石表面的反射光（紫色），易误认为是宝玉石的发光。

③待测宝玉石局部发光，有可能是多矿物集合体中某一矿物具发光性，也可能是优化处理后宝玉石因染剂或充填物具发光性。

④宝玉石的荧光反应仅作为一种辅助性的鉴定证据。

⑤在判断宝玉石的荧光时应考虑样品的透明度，透明样品与不透明样品的荧光有所不同。

⑥宝玉石的荧光颜色可能与宝玉石本身的颜色不同。

⑦黑色背景有利于宝玉石荧光的观察。

1.5.6 自测

按照要求对宝玉石进行荧光测试并记录结果。

表1.8 自测表

编号	名称	总体观察	紫外荧光检测
		1. 颜色 2. 琢型或形态 3. 透明度 4. 结构特点	1. 荧光 LM SM 2. 惰性 3. 磷光
		1. 颜色 2. 琢型或形态 3. 透明度 4. 结构特点	1. 荧光 LM SM 2. 惰性 3. 磷光

任务6 查尔斯滤色镜的使用

宝玉石的颜色是宝玉石对白光选择性吸收后残余色光混合所致。肉眼所见的颜色是一种混合光波，因此有些相似的颜色，其光波组成却不同。滤色镜主要由一些彩色滤光片组成，这些组合的滤光片仅允许部分波长的光波通过。根据滤光片允许通过光波波长的范围的不同，可以制作成多种类型的滤色镜，如查尔斯滤色镜、交叉滤色镜、红宝石滤色镜等，用于不同宝玉石种的鉴别。任务6主要介绍最常用的查尔斯滤色镜。

图1.74 查尔斯滤色镜

1.6.1 查尔斯滤色镜的机构及原理

1）结构

查尔斯滤色镜是宝玉石鉴定中最常用的一种滤色镜，它最初的设计目的是用来快速区分祖母绿与其仿制品，因而又被称为"祖母绿镜"。

查尔斯滤色镜由仅允许深红色光和黄绿色光通过的滤色片组成，滤光片是塑料或玻璃片再加入特种染料做成的，红色滤光片只能让红光通过，如此类推。通过滤色镜直接观察物体，所有物体只会出现两种颜色，即黄绿色或红色。

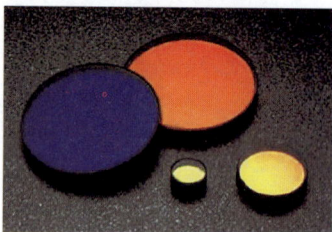

图1.75 滤光片

2）原理

常用的查尔斯滤色镜由两块黄绿色的明胶滤色片组成。滤色片的功能是通过吸收，只允许某些波长的光通过。通过前面学习可知，有色宝玉石多为对光选择性吸收的结果，因此有人说：用滤色镜检测宝玉石相当于通过一种滤色镜（检测用的滤色镜）来观察另一种滤色镜（宝玉石）。通过两次的选择性吸收，可以把样品限定在一个很小的范围内。

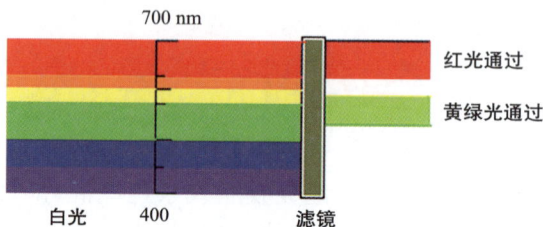

图1.76 查尔斯滤色镜工作原理

1.6.2 查尔斯滤色镜的使用方法

使用滤色镜时，应在白色无反光背景条件下，采用强白光照射宝玉石，将查尔斯滤色镜紧靠眼睛与宝玉石保持30～40 cm的距离观察宝玉石颜色的变化。

查尔斯滤色镜因本身颜色相当深暗，所以在使用它检测宝玉石时，必须采用非常强烈的光源照明。正确的用法是：准备一盏钨丝白炽台灯，灯泡不小于60 W，将查尔斯滤色镜贴近眼睛，让宝玉石尽量靠近光源，这时观察宝玉石的颜色才能准确。用阳光、日光灯或小手电照明几乎看不清现象。

①清洁样品。

②将样品放在黑色板上（不反光或不影响观察的背景上）。

③光源用白光、强光并且必须靠近样品照射。

④手持滤色镜尽量靠近眼睛，滤色镜距离样品约30 cm处观察。

图1.77 查尔斯滤色镜的使用

1.6.3 查尔斯滤色镜的用途

查尔斯滤色镜最先在伦敦的查尔斯工学院使用，主要用于区分祖母绿与其仿制品。因为祖母绿几乎是唯一能让深红色光大部分透过并同时吸收黄绿区大部分的宝玉石，因此只有绿色的祖母绿在查尔斯镜下发红。

后来研究表明，查尔斯镜的使用只针对祖母绿是不全面的，只要具备同样的吸收特征，其在查尔斯镜下呈现的现象就应该相同，而相同的吸收特征常常由相同的致色离子所致。祖母绿由Cr^{3+}致色，如今大量使用含Cr^{3+}染色剂的改善品，在查尔斯镜下便会发红。与此同时，某些产地的祖母绿，由于其他致色离子的干扰，反而在查尔斯镜下不发红。如今，查尔斯滤色镜在宝玉石学中的用途主要为：

①快速区分大量颜色相近的宝玉石，主要针对蓝色、绿色宝玉石，例如：东陵石和翡翠。

②帮助鉴定某些染色处理的宝玉石，例如：翡翠。

图1.78 染色翡翠在查尔斯滤色镜下变红

③帮助鉴定某些合成宝玉石，例如：蓝色尖晶石与合成蓝色尖晶石。

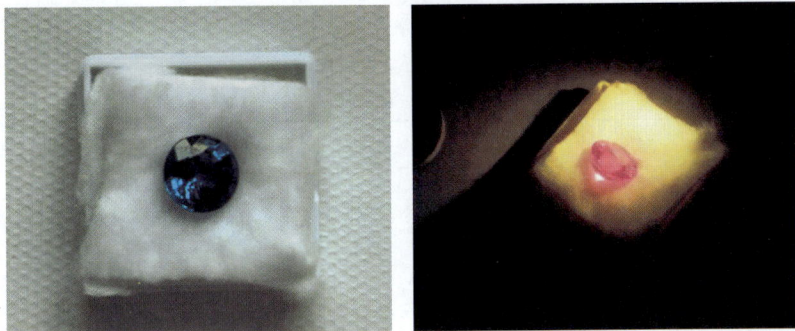

图1.79 合成蓝色尖晶石在查尔斯滤色镜下变红

④帮助鉴定某些仿制品，例如：蓝色钴玻璃仿蓝宝石。

表1.9 常见宝玉石的滤色镜观察现象

宝玉石种	灯光下变色反应	日光下变色反应
祖母绿（部分）	浅红—红	橙灰
合成祖母绿（绝大部分）	红	橙
翡翠	黄绿—暗绿	暗绿
染色翡翠（部分）	橙红—红	褐橙
钙铝榴石玉	橙红—红	暗橙
东陵石（含铬云母石英岩）	橙红—红	褐橙
合成蓝色尖晶石	鲜红	暗红
蓝色钴玻璃	鲜红	黑红
海蓝宝石	浅蓝	浅蓝
天蓝色托帕石（改色）	黄绿色	黄灰绿
红宝石（大部分）	浅红—鲜红	红—火红
合成红宝石	鲜红—大红	火红
染色红宝石	红—深红	暗红
红色尖晶石	深红	暗红
红色石榴石	暗红	暗红

1.6.4　查尔斯滤色镜的注意事项

①镜下的观察结果取决于样品的大小、透明度和颜色。

②使用光源不同，观察结果略有不同。

③仅作为鉴定的补充测试，不能作为主要依据。

④查尔斯滤色镜下亮红色是一个警告（一般不鉴定红宝石）。

1.6.5　自测

观察典型宝玉石在查尔斯滤色镜下的变化，并记录。

表1.10 自测表

编号	宝玉石名称	观察内容	滤色镜下变化特点
		1. 颜色 2. 形态或琢型 3. 透明度	

编号	宝玉石名称	观察内容	滤色镜下变化特点
		1. 颜色 2. 形态或琢型 3. 透明度	

任务7　镊子和放大镜的使用

1.7.1　宝玉石镊子

宝玉石镊子是一种具尖头的夹持宝玉石的工具，内侧常有凹槽或"#"纹以夹紧和固定宝玉石。宝玉石镊子可根据尖端的大小不同分为大、中、小号，中号和大号可适用于大颗粒宝玉石，小号则适用于颗粒小的宝玉石。镊子还可分为带锁和不带锁两种。对于特殊种类的宝玉石，如珍珠，配有专门的珍珠镊子。使用镊子时应用拇指和食指控制镊子的开合，用力须适当，过松夹不住，过紧会使宝玉石"蹦"出。在显微镜下操作时，可将手或镊子置于显微镜的工作台（载物台）上，使宝玉石稳定及减轻手部疲劳。

图1.80　宝玉石镊子

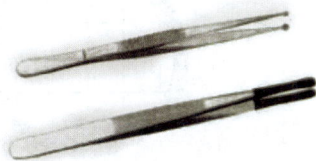

图1.81　宝玉石镊子

弹簧宝玉石夹是另外一种类型的宝玉石镊子，可配备在多种宝玉石检测设备上，如宝玉石显微镜、台式分光镜等，使用起来方便简单。

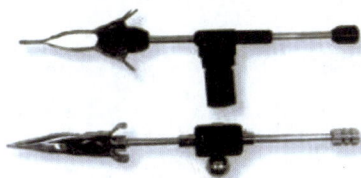

图1.82　弹簧宝玉石夹

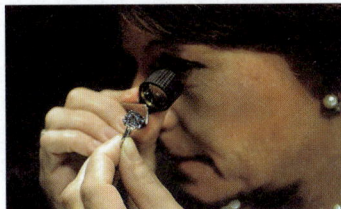

图1.83　放大镜

1.7.2　放大镜

放大镜是用于观察宝玉石内、外部现象最简易而有效的工具。

放大镜和显微镜都是通过放大观察宝玉石的内含物和表面特征，是区分天然宝玉石、合成宝玉石、优化处理宝玉石及仿制宝玉石的重要仪器。正确地使用放大镜也是宝玉石工作者需要掌握的基本技能。放大镜的放大倍数经常用"×"来表示，如10倍（10×）。

1）10× 放大镜的结构

优质的10×放大镜，一般由3片或3片以上的透镜组合而成。例如，三合镜由两片凹凸透镜中央夹一片双凸透镜组成，不仅视域较宽，而且还能很好地消除色差和像（球）差。

图1.84 三合镜（即常用的10×放大镜）

其中上文中提及的像差又称为球差，是放大视域范围边缘部分图像的畸变。而色差则是视域边缘部分出现彩色干涉色的现象。

放大倍数越大的凸透镜，其视域边缘像差也越明显。因此，在购买或实验室配置宝玉石用观察检测仪器时，需要注意挑选球差和色差都较小的10×放大镜为最佳。

挑选宝玉石用三合镜的最佳方法就是将其放于坐标纸上观察。观察时视域中所有线条应该要平直、清晰，而且不能带有色边，视域中所有线条还应该同时保持准焦的状态。

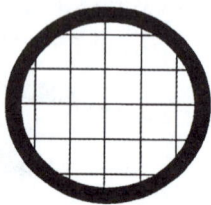

图1.85 无相差放大镜　　　　图1.86 有相差放大镜

2）应用

放大镜是最常用、最简便的宝玉石鉴定工具，其用途主要有：

（1）观察宝玉石的外部特征

①有关宝玉石性质的特征，如光泽、刻面棱的尖锐程度、表面平滑程度、原始晶面、蚀象、解理、断口和拼合的特征等。

②宝玉石加工质量的特征，如划痕、破损、抛光、形状和对称性等。

（2）观察宝玉石内部特征

包括内含物的形态、数量、双晶面、生长纹、色带、拼合面等。

（3）钻石分级

主要用于钻石的简易鉴定和钻石4C分级。

3）放大镜的使用方法

使用放大镜要掌握正确的姿势和方法，保持放大镜和宝玉石样品的稳定，使被观察的样品始终处于准焦的状态，同时需要充分、合适的照明，才能做到在最佳状态下观察宝玉石。

正确的方法是使放大镜尽量贴近眼睛，从近距离观察。错误的做法是将放大镜贴近宝玉石，从远处观察。为了避免放大镜晃动，应将握放大镜的手靠在脸上，拿宝玉石的手与其接触，两肘或前臂放松地靠在桌子上。

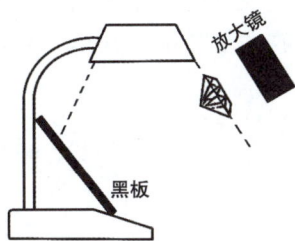
图1.87 宝玉石的照明

观察宝玉石时，需要充分、合适的照明，要让光线只照射到样品上，不照射到放大镜上，尤其是不能照射到眼睛。观察时，宝玉石置于灯罩的边缘位置，灯罩下缘不高于双眼，不要让光线直接射到眼睛。同时，通过调整宝玉石和光源的位置及角度，在反射光下可观察宝玉石的外部特征。而使光线从背面入射时，则有利于观察宝玉石的内部特征。在使用放大镜时，要求双眼同时睁开，以避免眼睛疲劳。

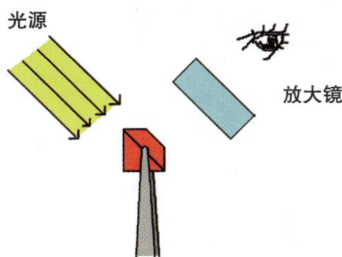
图1.88 正视

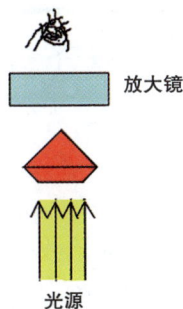
图1.89 透视

任务8　宝玉石显微镜的使用

显微镜是宝玉石鉴定中最重要的仪器之一，其放大倍数更高，分辨能力更强，能够检测10倍放大镜不能清晰确认或观测的宝玉石外部和内部特征，是区分天然宝玉石、合成宝玉石及仿制宝玉石的重要仪器。

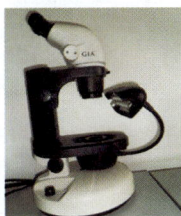
图1.90 双目变焦宝玉石显微镜

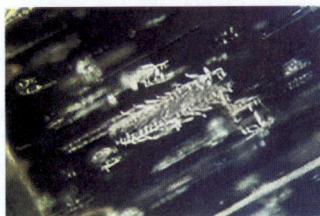
图1.91 月光石中的蜈蚣状包裹体

用宝玉石显微镜观察宝玉石，要比用放大镜方便、清楚得多。首先，可以避免由于手持宝玉石而产生的抖动；其次，使用双目进行观察，可见到宝玉石立体的影像；最后，它的放大倍数范围很广，可由2倍至200倍，使操作人员能轻易地观察到各种宝玉石的内外部特征。

1.8.1　宝玉石显微镜的结构

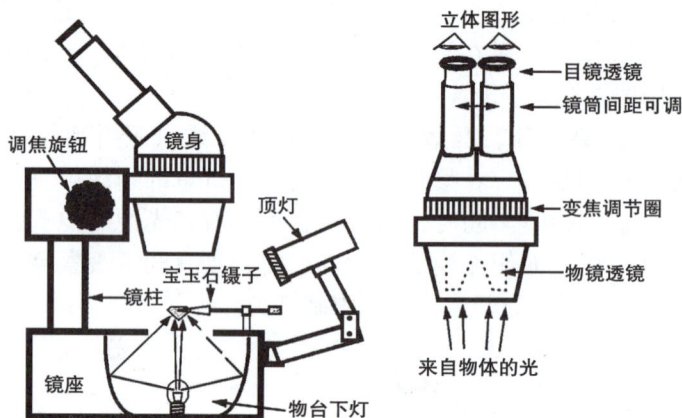

图1.92　宝玉石显微镜结构示意图

1）镜身

①目镜：双筒，放大倍数一般有10×和20×两种。

②物镜：放大倍数一般为0～4×，可调。

③变焦调节圈（旋钮）：连续调节物镜的放大倍数。

④调焦旋钮：调节物镜与被测宝玉石之间的工作距离，使被测局部清晰对焦。

图1.93　目镜

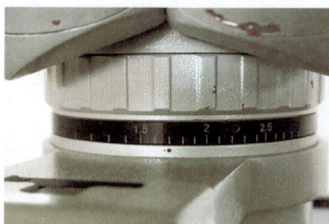

图1.94　变焦调节圈

图1.95　调焦旋钮

2）镜柱

3）镜座

①顶光源（顶灯）：表面垂直照射光源，一般为日光灯，方向可调。

②底光源（底灯）：底部照射透射光源，一般为白炽灯，内置，方向不可调，光强可通过滑键调节强弱。

图1.96 顶光源

图1.97 底光源

③锁光圈：控制底光源照射的光量大小。

④挡板：改变底光源的照明方式（亮域／暗域）。

⑤宝玉石镊子：夹持宝玉石用，可上下、左右、前后移动及自身旋转。

图1.98 锁光圈

图1.99 挡板

1.8.2　宝玉石显微镜的类型与照明方式

显微镜有许多种类型，如单筒立体显微镜、双筒显微镜、双筒变焦显微镜、双筒立体显微镜、双筒立体变焦显微镜等。目前多采用立式双筒立体连续变焦显微镜。镜下物像呈现三维立体图像，并可连续放大，通常为10～60倍。

使用显微镜观察宝玉石的效果，经常与人们观察时使用的照明方式有关。常用照明方式有如下9种：暗域、亮域、垂直、散射、点光源、水平、偏光、斜照和屏蔽照明法。而在观察宝玉石的时候一般使用前5种方法：

1）暗域照明法

光源的光不直接射向宝玉石，而是经半球状反射器的反射后再射向宝玉石，直射的光线用挡光板遮蔽，此时大多数光线不直接进入物镜，只有宝玉石中的包裹体产生的漫反射光进入物镜，于是宝玉石的内、外部特征在暗色背景上十分清晰，这是一种最为常用的照明方法，而且有利于长时间观察。

2）亮域照明法

光源由宝玉石的底部直接照射。为避免过强的光线炫眼，要把光圈锁得较小，不让宝玉石以外的光线进入显微镜，或者把光源调暗。在明亮的环境下有利于观察内含物的细部特征，也是观察弯曲生长纹等反差小的内部特征的有效方法。

图1.100 暗域照明法

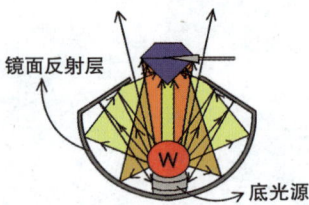
图1.101 亮域照明法

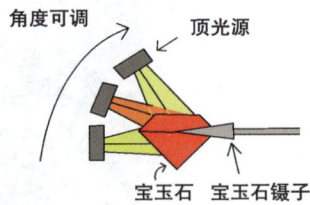
图1.102 顶部（垂直）照明法

3）顶部（垂直）照明法

光源在宝玉石的上方，经宝玉石表面或者内部反射出的光线进入物镜，这种照明方式适于观察宝玉石表面及近表面特征。这种方法主要针对不透明或微透明宝玉石。标准的顶光源是白色的漫反射光，亮度不大，需要时也可以采用光纤灯等强光源来照明。

4）散射照明法

底光源从宝玉石下方直接照射，在底光源上方放置一张面巾纸或其他材料，使光线发生散射后成为柔和的光线，并形成一个近白色的背景。主要用以辅助观察宝玉石的色带、色环及一些特殊的颜色分布，例如观察经表面扩散处理的蓝宝石表面的蛛网状颜色分布。

5）点光源照明法

底光源通过锁光圈调节缩小成点状，并直接从宝玉石下方垂直照射。主要用以观察宝玉石内部的局部特征及一些特殊结构。

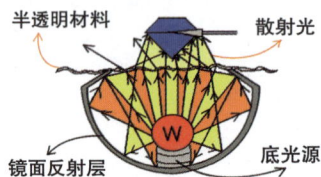
图1.103 散射照明法

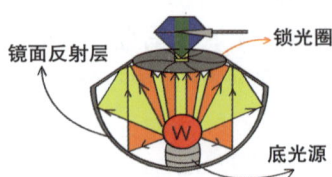
图1.104 点光源照明法

1.8.3 宝玉石显微镜的操作步骤及注意事项

1）宝玉石显微镜的操作步骤

①擦净目镜与待测宝玉石，并将宝玉石夹于宝玉石镊子上（宝玉石体积大时可手持进行观察）。

②插上电源，打开底光源，选择暗域照明，调节目距（方法：双手分别握住一只目镜移动，直至双眼清晰地看到一个完整的圆形视域）。

图1.105 调节目距

③调节焦距，使宝玉石清晰成像。先准焦于宝玉石表面，用顶灯照明法观察外部特征，换暗域或亮域照明法后聚焦于宝玉石内部观察内部特征。

④调节变焦调节圈（旋钮），从低倍物镜开始观察，找到目标观察对象时，进行局部高倍放大观察。

⑤观察完毕，取下宝玉石放好，降下或升高镜筒调平显微镜，关闭电源。

2）注意事项

步骤③和④在实验操作中是交替反复进行。调节变焦调节圈时用双手进行调节。

1.8.4 宝玉石显微镜的用途

1）放大观察宝玉石的内部和外部特征（主要用途）

外部特征：表面是否有凹坑、蚀像、生长垢、划痕、抛光痕、缺口、断口、解理及一些特殊结构等。

内部特征：各种相态的包裹体（固相、液相、气相、固—液两相、气—液两相、气—固两相、气—液—固三相）、愈合裂隙、生长纹、色带、后刻棱线重影等。

2）显微照相

目镜上方可安装照相机，对典型的特征（如宝玉石内部的典型包裹体、色带等）进行放大拍照。

3）观察吸收光谱

把目镜换成分光镜，选择底光源透射光进行观察可观察到宝玉石的吸收光谱。

4）测定宝玉石的多色性和光性特征

加偏光片可观察宝玉石的多色性和光性特征（轴性）——根据宝玉石在不同振动方向光波下呈现的颜色不同，当宝玉石显微镜配上正交的上下偏光片之后，即可变为一个带偏光功能的显微镜，此时在显微镜下就可观察宝玉石的光性特征。

5）测定宝玉石的近似折射率

在显微镜镜体上装上游标卡尺或能精确测量镜筒移动距离的标尺，就可以测定近似折射率。

1.8.5 自测

利用显微镜观察宝玉石的内部和外部特征并作记录。

表1.11 自测表

编号	名称	颜色	总体观察	放大观察
			1. 琢型 2. 透明度 3. 光泽 4. 特殊光学效应	1. 表面特征 2. 内部特征
			1. 琢型 2. 透明度 3. 光泽 4. 特殊光学效应	1. 表面特征 2. 内部特征

任务9 钻石相关检测仪器的使用

1.9.1 热导仪

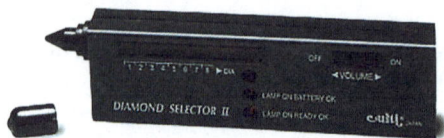

图1.106 热导仪

由于在所有宝玉石中，钻石具有极高的导热性能，因此，热导仪（如图1.106）主要用于鉴别钻石及其仿制品。但热导仪不能区分钻石及合成碳化硅。此外，各种宝玉石的热导率也有差别，在某些特定的情况下，热导仪也能发挥重要的作用。

1）基本原理

①导热性：物体传递热量的能力。

②热导率：以穿过给定厚度的材料，使材料升高一定温度所需的能量来度量的，单位 $W/(m\cdot°C)$，例如，钻石：$100\sim2\,600\ W/(m\cdot°C)$。

热导仪是专门为鉴定钻石及其仿制品而设计的一种仪器，其原理是在所有的透明宝玉石中钻石的热导率最高，其次为蓝宝石。在室温下，钻石的热导率从 Ⅰ 型的 $100\ W/(m\cdot°C)$ 变化到 Ⅱa 型的 $2\,600\ W/(m\cdot°C)$，而蓝宝石只有 $40\ W/(m\cdot°C)$，要比钻石低2.5倍以上。所以，热导仪一直是分辨钻石和仿钻石的便利仪器。这种情况到2000年才发生一点变化，新

问世的合成碳硅石的热导率接近钻石，宝玉石用的热导仪还不能区别。此外，各种宝玉石的热导率也有差别，在某些特定的情况下，热导仪也能发挥重要的作用。

2）结构与工作原理

热导仪包括热探针、电源、放大器和读数表四部分。读数表可由信号灯或鸣叫器代替，显示测试结果。

打开电源加热探头，将探头放于宝玉石上，宝玉石受热向周围散热到钻石的导热温度范围，指示灯亮，蜂鸣器鸣叫（或表式表盘中指示针偏转至"钻石"区域）。

3）测试方法

①清洁待测宝玉石表面，手握金属托或放于金属垫板上（裸钻）。

②打开仪器电源，预热。按宝玉石大小、室温情况调节热导仪（一般指示灯亮3～4小格），手握探测器，以直角对准待测宝玉石（注意不要接触到金属托架），用力适中。

③仪器显示出光和声信号，得到测试结果。

4）注意事项

①测试前不要预热，不要用手接触宝玉石。

②金属探针头对已镶钻石测试时，注意不要触及金属架部分。

③金属探针头注意和台面保持垂直，用力适中。

④＜0.5 ct的未镶钻石，应放在金属垫板上散热测试。

⑤注意钻石是否经过涂层处理，结果可能不准确。

⑥待测宝玉石的湿度和环境温度会影响测试结果。

⑦合成碳化硅导热性也很好，能使热导仪产生与钻石相同的反应。

⑧探针尖端，十分灵敏，操作时要小心，用力适中，当仪器不用时，要盖上盖子以保护探针。

⑨当仪器长时间不使用时，应将电池取出来，避免电池报废后腐蚀和损坏仪器。

1.9.2 快速识别钻石类型的仪器

2004年11月15日比利时HRD发布新闻，通告发明了D-Screen，HRD说这种仪器识别钻石的能力很强，体积很小，便于携带，便于操作，是性价比最高的钻石鉴定设备，是第一种可以从无色—近无色的钻石（色级在D到J的范围）中把合成钻石或者高温高压处理钻石识别出来，D-Screen的工作原理是不同类型的钻石透射紫外光的性能存在差别，不含氮的Ⅱ型钻石透紫外光的能力大于含氮的Ⅰ型钻石。

依紫外透光性区别Ⅰ型和Ⅱ型钻石的简便仪器的创意及发明应属瑞士宝石研究所的Haenni博士，由于受到当时GE POL钻石问世的困扰，Haenni博士于2001年开始研制这种仪器，研制的产品称为Diamond Spotter。

功能类似的仪器还有D.Beers在20世纪末（1998年）研制的，最近由GIA英国仪器公司销售的Diamond Sure。Diamond Sure的工作原理是依据的大多数天然白色钻石具有415 nm吸收线，而合成钻石、HPHT处理的白色钻石由于不是Ia型钻石，因而缺失415 nm的吸收线，来快速地识别分出Ia型的天然钻石。

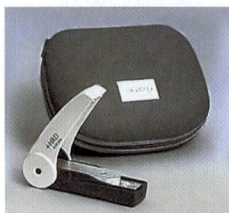

图1.107　D-Screen　　　　图1.108　Diamond Spotter　　　　图1.109　Diamond Sure

确定钻石的类型还可以用其他的方法。红外光谱是非常有效和准确的方法，可以区别出Ia、Iab、Ib、IIa和IIb等，所以，这些仪器对于已经装备有红外光谱仪的实验室不是非常必要的。

1.9.3　识别钻石发光图案的仪器

经过Diamond Sure或者Diamond Spotte或者D-Screen挑拣出来的钻石有三种可能：合成钻石、高温高压处理钻石和天然钻石，还需要进一步地鉴定。

合成钻石发光图案具有特征的论文是奥地利Polahno博士于1994年发表在英国宝石协会的J.Gemmology杂志上，Polahno博士发现HTHP方法合成的黄色钻石的阴极发光具有所谓的

图1.110　Diamond View

"沙钟状图案"。后来，进一步表明其他颜色的HPHT合成钻石也具有类似的特征，CVD方法合成的钻石则具有与众不同的橙色发光和纹理。

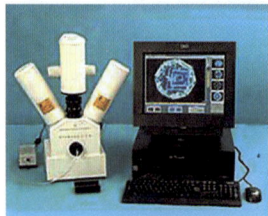

D.Beers的研究人员改进了使钻石发光性的方法，采用超短波紫外光代替电子束作为荧光的激发源，这样仪器就不需要抽真空，更便于操作和快捷。但是，Diamond View仅用于钻石的鉴定，不像阴极发光仪还有其他的用途。

1.9.4　Diamond Plus II

HTHP处理的无色钻石（GE-Pol）的鉴定更为困难，GE公司的副总裁Bill Woodburn认为这种处理是无法准确识别的。瑞士宝石实验室于2000年发表了研究成果，HTHP处理的无色钻石具有637 nm的光致发光峰，这个光谱特征需要用激光拉曼光谱仪来识别，如果对样品进行制冷，会得到更可靠的结果。DTC于2005年针对性地研制出称为Diamond Plus的仪器，用于检测HPHT处理的Ⅱ型钻石。Diamond Plus具有易于使用、可进行大量检测、便于携带、相对较便宜的优点，但是，还是需要在液氮制冷的条件下工作。

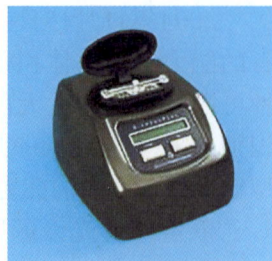

图1.111　diamond Plus

1.9.5 莫桑笔

用热导仪测试钻石和合成碳硅石时，两种材料均会显示为钻石，导致二者通过热导仪测试却无法区分。为此莫桑笔应运而生，用于热导仪测试之后进一步区分钻石和合成碳硅石。

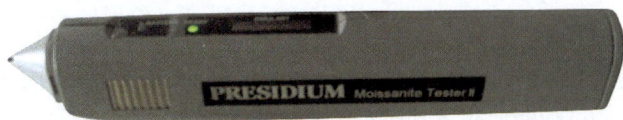

图1.112 莫桑笔

1）原理

天然的钻石多为Ⅰa、ⅠAB、Ⅰb和Ⅱa型的钻石，从物理性质上来说都为绝缘体，不会导电，除了少量的Ⅱb型钻石为半导体外。

而合成碳硅石则是大多数都会导电，因此，通过莫桑笔的测试可以将钻石和合成碳硅石区分开来。

2）操作步骤

首先在测试前需要清洁待测宝玉石，然后打开仪器电源的开关，用拇指与食指捏住莫桑笔两侧的金属感应片，将探头垂直于待测宝玉石上，观察现象并记录结论。

使莫桑笔鸣叫的为合成碳硅石，不鸣叫的则为钻石（Ⅱb型钻石除外）。

3）注意事项与局限性

①该仪器对彩钻或其他类型的合成钻石的测试无意义。

②当测试的是已镶宝玉石，暴露直径 < 1.2 mm时，不要让探头触及首饰的金属部分，否则会使仪器鸣叫得出错误的结论。

③探针尖端十分灵敏，操作时要小心，用力适中，当仪器不用时，要盖上盖子以保护探针。

④当低电指示灯在窗口亮起时，为防止读数不准确，必须停止使用，更换电池。

⑤当仪器长时间不使用时，应将电池取出来，避免电池报废后腐蚀和损坏仪器。

任务10　宝玉石密度的测试

宝玉石的质量（重量）与密度是鉴定和评价宝玉石的一个重要的依据，因此正确地使用天平是一项重要的技能。尤其是对大块的宝玉石原料，其他参数难以获得，相对密度值

的测试显得尤其重要。

现在比较常用的测定宝玉石相对密度值的方法有静水称重法和重液法。

1.10.1　静水称重法

分析天平是用于测定样品相对密度的仪器。它所使用的是静水称重法。

1）基本原理

宝玉石的密度是由组成宝玉石的化学元素的原子量和晶体结构中原子之间排列的紧密程度决定的。因此不同的宝玉石具有特定的密度值，宝玉石的密度具有重要的鉴定意义。

宝玉石的密度常用单位是g/cm^3，表示体积为1 cm^3的宝玉石的质量。密度的测定十分复杂，因相对密度与密度十分接近，二者的换算系数仅1.000 1，在宝玉石学中，通常把测定的相对密度值作为密度的近似值。

宝玉石的相对密度是指在4 ℃及1个标准大气压（1 atm = 101 325 Pa）的条件下，单位体积的宝玉石质量与同体积水的质量的比值，没有单位。

相对密度的测定方法即静水称重法的依据是阿基米德定律：物体在液体中受到的浮力，等于它所排开液体的重量。

若液体为水，水温对单位体积的水的质量影响忽略不计，根据阿基米德定律就可以推导出宝玉石的相对密度（SG）的计算公式：

相对密度（SG）= 宝玉石的质量/宝玉石所排开水的质量

= 宝玉石的质量/（宝玉石的质量 – 宝玉石在水中的质量）

≈ 宝玉石在空气中的重量（W_1）/[宝玉石在空气中的重量（W_1）–
宝玉石在水中的重量（W_2）]

2）测试方法

宝玉石的重量可直接在空气中称量得出。而宝玉石在液体（水）中的重量可用天平测出，天平的类型有多种，如单盘、双盘、电子天平及弹簧秤等。下面则重点介绍其中三种的使用方法。

（1）弹簧秤

对于重量大于10 g的宝玉石，可以使用精度较小，但便于携带的弹簧秤。如玉石雕件及各类原石。

首先将要称重的样品挂于弹簧秤上，记录下此时的读数W_1（即宝玉石在空气中的重量），然后再将样品放入水中进行称重读数，记录下此时的读数W_2（即宝玉石在水中的重量），最后根据公式：$SG = W_1/（W_1 – W_2）$就可求出宝玉石的相对密度值。

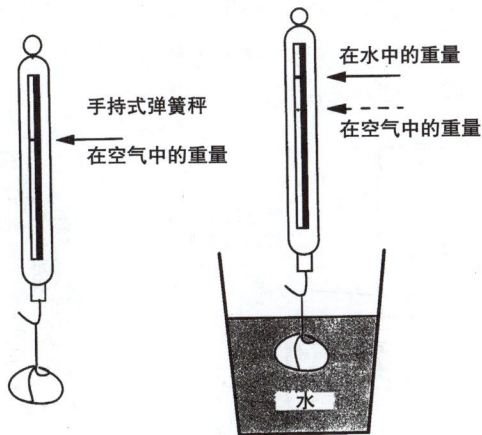

图1.113 弹簧秤静水称重法操作示意图

（2）托盘天平（双盘）

对于小粒的各种样品，可选用精度较高的天平，如托盘天平或电子天平等。托盘天平的操作步骤如下：

①校正天平至水平零度位置，按常规方法使用。

②清洁待测宝玉石，在空气中称出宝玉石的重量$W_空$。

③在左盘上放一支架（阿基米德架），支架上放一杯蒸馏水或有机液体，吊钩上吊一小铁丝兜，在右盘天平上放置同样重量的小铁丝兜，再次校正天平，以达到精确平衡为止。

④将待测宝玉石小心地放进样品兜内，完全浸没水中，将所有气泡排除，称重$W_水$。

⑤将所测数值代入公式得出宝玉石$SG = W_空 / (W_空 - W_水)$。

⑥放好宝玉石，收好天平。

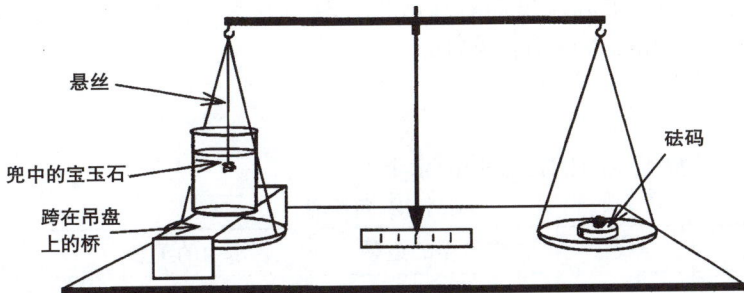

图1.114 托盘天平静水称重法操作示意图

（3）电子天平

电子天平静水称重法操作步骤如下：

①打开克拉秤，调节归零。

②清洁待测宝玉石，放于克拉秤上称出宝玉石的重量$W_空$。

③放上支架，将蒸馏水或有机液体倒入烧杯内，放在支架上，金属丝兜浸没入液体中，调节克拉秤归零。

④将宝玉石放入金属兜中，排除气泡，称出宝玉石在水中的重量$W_水$。

⑤将所测数值代入公式得出宝玉石$SG = W_空/（W_空 - W_水）$。

⑥放好宝玉石，收好装置，关闭克拉秤。

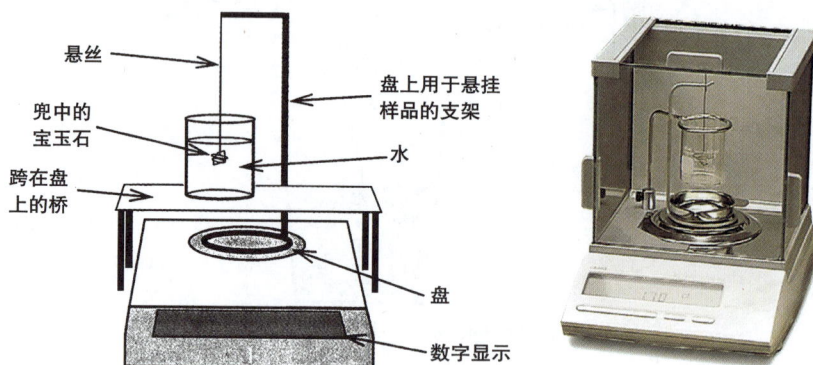

图1.115 电子天平

3）影响测试精度的因素

①天平的精确度：电子秤的灵敏度应达到0.01 ct。

②宝玉石的大小：宝玉石不小于0.5 ct。

③附着的气泡：将水烧开可减少附着于铜丝或宝玉石的气泡。

④水的表面张力：加入点清洁剂可减少表面张力，也可以用四氯化碳液体代替水。但四氯化碳的密度值与水不一样，计算公式为：

相对密度（d）= 宝玉石在空气中的质量/（宝玉石在空气中的质量 – 宝玉石在液体中的质量）× 四氯化碳相对密度

注：四氯化碳的密度值随温度而有所改变，具体密度可由四氯化碳密度与温度变化曲线获得。在室温下，取相对密度值1.58即可。

4）自测

用净水称重法计算宝玉石的比重并记录下来。

表1.12 自测表

编号	名称	颜色	空气中的重量	水中的重量	比重值

1.10.2 重液（浸油）法

宝玉石鉴定中常利用宝玉石在重液（浸油）中的运动状态来估测宝玉石的相对密度范围，这种测定方法快速简单。当已知重液密度时，根据宝玉石在其中的运动状态（下沉、悬浮或上浮）即可判断出宝玉石的密度值范围。这种方法的优点是可以测试很小的宝玉石。重液还可以用来测定宝玉石的近似折射率。

1）原理

重液（浸油）是油质液体，利用其密度，来测定宝玉石的相对密度时常称为重液；利用其折射率比较观察宝玉石时常称为浸油和浸液。理想的重液（浸油），要求挥发性尽可能小，透明度好，化学性质稳定，黏度适宜，尽可能无毒无臭，因此宝玉石学中常用的重液种类并不多。

宝玉石鉴定常用相对密度为2.65、2.89、3.05、3.32的一组重液，由二碘甲烷、三溴甲烷和α-溴代萘配制而成。

表1.13 宝玉石中常用重液的性质

试剂组成	折射率	相对密度	密度指示物
α-溴代萘+三溴甲烷	/	2.65	水晶
三溴甲烷	1.59	2.89	绿柱石
三溴甲烷+二碘甲烷	/	3.05	粉红色碧玺
二碘甲烷	1.74	3.32	/

2）宝玉石在重液中的现象

用镊子夹住宝玉石并浸入重液（浸油）中部，轻轻松开镊子，观察宝玉石在重液中呈漂浮、悬浮和下沉等状态判断宝玉石的相对密度：

在重液中漂浮：宝玉石的相对密度 < 重液SG；

在重液中悬浮：宝玉石的相对密度 = 重液SG；

在重液中下沉：宝玉石的相对密度 > 重液SG。

注：如果上浮或下沉的速度缓慢则表示宝玉石与重液（浸油）两者密度值相差不大；若下沉速度快，则表明宝玉石与重液（浸油）两者密度值相差大。

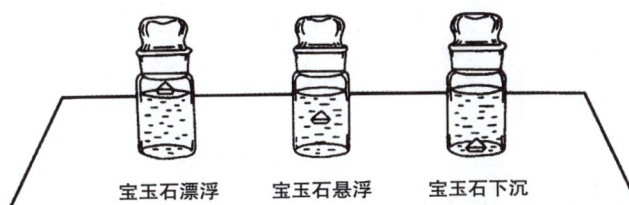

宝玉石漂浮　　　宝玉石悬浮　　　宝玉石下沉

图1.116 宝玉石在重液中的现象

3）注意事项

①多孔宝玉石不宜使用重液。

②在重液中测试过的宝玉石及使用的镊子要及时用酒精清洗，以免污染重液（浸油），影响测试结果。

③实验室通风条件要好。

④重液要在阴暗阴凉处保存，并放入一些铜丝。

⑤当宝玉石的折射率和重液的折射率相近时，宝玉石会"消失"，要仔细观察才能看到。

⑥每次测试时，只打开重液（浸油）瓶并只测定一个样品，将重液（浸油）瓶瓶盖朝上放置，以免污染，测试完毕后，迅速盖紧重液（浸油）瓶瓶塞。

⑦重液（浸油）应用棕色瓶盛装，避免阳光照射，以免重液（浸油）遇光发生分解。

⑧由于重液（浸油）有很强的腐蚀性，因此在使用时，注意不能溅出重液（浸油），以免黏在皮肤、衣物上。

⑨环境温度可影响重液（浸油）的密度，即温度越高，重液（浸油）的相对密度越小，且由于重液（浸油）的组成溶液的挥发性不同，因此重液（浸油）的相对密度会随时间产生变化，再次使用时必须重新校准。

4）利用重液（浸油）测定宝玉石近似折射率

重液（浸油）测定宝玉石的折射率只能是粗略地估计，不能确定具体的数值。当宝玉石浸入重液（浸油）时，宝玉石的折射率与重液（浸油）越接近，宝玉石的轮廓越不明显；相反，宝玉石的折射率与重液（浸油）折射率相差越大，宝玉石的轮廓越清晰。

5）自测

表1.14 自测表

编号	名称	颜色	重液中沉浮现象	近似比重值

项目 2

宝玉石的肉眼观察及识别

【知识目标】

熟悉各种宝玉石的光学性质、力学性质和结晶学性质；掌握宝玉石光学性质、力学性质和结晶学性质的类型。

【能力目标】

通过本项目的学习，使学生了解常见宝玉石的肉眼观察及识别方法，认知各种宝玉石在观察中的异同，并且学会举一反三，学会宝玉石的肉眼观察及识别。

【素质目标】

宝玉石的外观特征是各种宝玉石最基本的也是最容易被人们识别的特征，认识宝玉石的外观特征，对分析和鉴别宝玉石具有重要作用。

如今，宝玉石鉴定仪器越来越多，也越来越精确，但在宝玉石交易时，我们通常不可能随身携带着很多仪器并逐项进行检测，只能依靠肉眼鉴定来判断宝玉石种类、真假与质量。宝玉石肉眼鉴定结果的准确性与鉴定方法和检测技巧密切相关。

宝玉石的肉眼鉴定是通过肉眼和10倍放大镜对宝玉石矿物的晶体形态、表面特征、包裹体进行综合观察、分析，由此判断所鉴定宝玉石的种类和真假。宝玉石肉眼鉴定不仅仅要凭借丰富的经验，更需要以坚实的理论依据作保障。本书主要介绍了宝玉石的物理性质以及结晶学性质在宝玉石肉眼鉴定中的应用。

任务1　宝玉石的光学性质

宝玉石的光学性质是宝玉石在可见光的照射下对光产生透射、反射、折射和吸收等一系列光学现象。主要有透明度、颜色、折射率、色散、多色性、特殊光学现象等。运用好光学性质对宝玉石肉眼鉴定极其重要。

2.1.1　光的基本知识

光是一种自然现象，因为有光人们才能看到宝玉石矿物美丽，才能根据光正确评价宝玉石。

因此，要了解宝玉石就应先了解光的本质及不同化学成分、不同结构构造的宝玉石与光的相互作用。宝玉石的光学性质是宝玉石最重要的物理性质，对宝玉石的品种确定、与相似宝玉石的区别、正确评价其品质及不断改进完善切磨工艺和优化处理等方面具有重要的意义。

　　人们很早就对光的本质进行研究，并存在以麦克斯韦和普朗克、爱因斯坦为代表的两派不同的学说，即光的电磁波理论和光的量子理论。光的电磁波理论认为，光是一种电磁波，光源辐射能是以波动的形式由近至远地向前传播，光在真空中的传播速度为3×10^8 m/s。电磁波的振动方向垂直于传播方向，即光是一种横波（图2.1），用波长（λ）及振幅（A）两个参数，就能将其正确地描述出来。波长表示电磁波能量的大小，振幅表示电磁波的强度。

　　宝玉石学中常用纳米（nm）作为波长的单位，1 nm $= 10^{-9}$ m，在有些情况下，也用波数来表示波长范围。波数是指单位长度内波的数目，其单位为cm^{-1}。光的波动理论很好地解释了光的干涉、衍射及宝玉石中的一些光学现象。

　　整个电磁波的范围非常广泛，从波长最长的无线电波到波长最短的宇宙射线，而可见光只是整个电磁波谱中非常狭窄的一部分，波长从770 nm到400 nm。

　　光不但具有波动性，而且具有粒子性，1900年普朗克提出了光的量子理论，爱因斯坦进一步发展了这个理论，他认为，光能是从光源发出的一颗颗不连续的粒子流，这些粒子称为光量子或光子，不同频率的光子具有不同的能量，它与光的频率成正比，而与光的波长成反比。即波长越短，光的能量越大。光的粒子性很好地解释了宝玉石的颜色成因及荧光、磷光等现象。

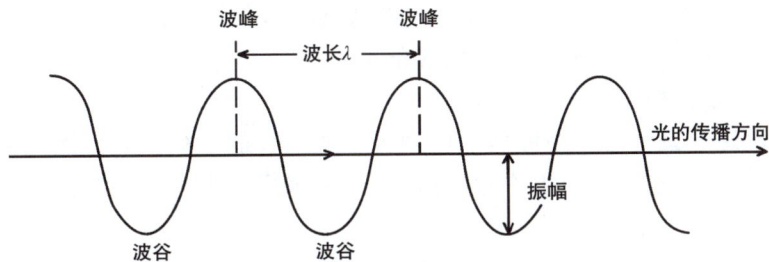

图2.1　光的波动性

1）自然光与偏振光

　　根据光波的振动特点，可分为自然光与偏振光。

　　（1）自然光

　　自然光是指一切从光源直接发出的光波。如太阳光、灯光、烛光。特点是在垂直光波传播方向的平面内各方向上都有等振幅的光振动。

　　（2）偏振光（平面偏振光）

　　在垂直光波传播方向的某一固定方向上振动的光称平面偏振光。

　　自然光可通过反射和折射转变成平面偏振光，在实验室用偏振滤光片将自然光转变成平面偏振光。

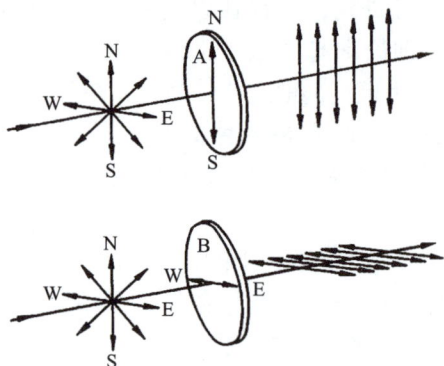

图2.2 偏振光的产生

2）光的折射、折射率和全反射

（1）光的折射与反射

由于光的粒子性，光波在均匀介质中沿直线传播，但当光波从一种介质传到另一种介质时，在两种介质的分界面上将发生分解，产生折射及反射现象。反射光按反射定律返回介质，折射光按折射定律进入另一介质（图2.3）。

这里入射线、折射线、反射线都处于包括法线的入射平面内，反射角等于入射角，折射角小于入射角（光波从光疏介质进入光密介质）。

（2）折射定律及折射率

如图2.4，设想一束平行光线倾斜射向两种介质的界面。R_1，R_2 为该光束中两条代表光线。设 i 代表入射光与法线的交角（入射角），γ 代表折射光与法线的夹角（折射角）。设 V_i 代表光波在介质（1）中的传播速度。以 V_γ 代表光波在介质（2）中的传播速度。设在 t_1 瞬间，入射光束的波前到达 OG 面。根据惠更斯原理，波前 OG 面上的每一点均可视为发射子波的新波源。当光线 R_1 从 O 点进入折射介质（2）时，光线 R_2 仍在入射介质（1）中传播。在 t_2 瞬间，R_2 到达界面 M 点，R_1 已在折射介质（2）中传播了 OS 距离。$OS = V_\gamma (t_2 - t_1)$。即 R_1 从 O 点发出的子波已在折射介质中形成以 OS 为半径的一个半圆波面。从 M 点向此半圆波面作一切线与波面相切于 S 点。MS 为 t_2 瞬间折射光束的波前。OS 为折射光束的传播方向。

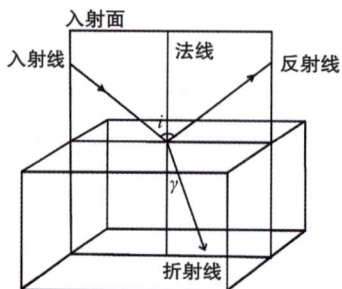

图2.3 光的反射与折射

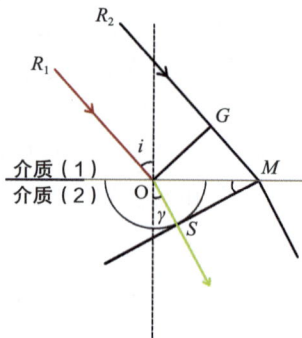

图2.4 光的折射定律

图2.4中，在△OMG中，∠GOM = i，MG = OM sin i　　　　　　　（1）

△OSM中，∠OMS = γ，OS = OM sin γ　　　　　　　（2）

以式（2）除式（1）　　$\dfrac{MG}{OS} = \dfrac{OM \sin i}{OM \sin \gamma}$　　　　　　　（3）

因 $MG = V_i (t_2 - t_1)$，$OS = V_\gamma (t_2 - t_1)$，带入式（3）得：

$$\frac{V_i (t_2 - t_1)}{V_\gamma (t_2 - t_1)} = \frac{\sin i}{\sin \gamma}$$

即 $\dfrac{V_i}{V_\gamma} = \dfrac{\sin i}{\sin \gamma} = n$　　　　　　　（4）

式（4）为折射定律，两种介质一定时，n为一个常数，称为第二介质（折射介质）相对第一介质（入射介质）的相对折射率，如果入射介质为真空（或空气），n值则为折射介质的绝对折射率。一般我们所指物质的折射率都是相对真空（或空气）而言的，即其绝对折射率。

从上式可知，光波在介质中的传播速度越大，该介质的折射率越小；反之，光波在介质中的传播速度越小，该介质的折射率越大。介质的折射率值与其组成成分、结构有关。在宝玉石学中，宝玉石折射率是反映宝玉石成分、晶体结构非常重要的常数之一，是宝玉石种属鉴别的可靠依据。

（3）光的全反射

根据折射定律，当光波由折射率较小的介质（光疏介质）射入折射率较大的介质（光密介质）时，其折射光线偏向法线；反之，当光波由折射率较大的介质射入折射率较小的介质时，其折射光线偏离法线（图2.5）。

在图2.5中，S面为光密介质与光疏介质的分界面，O为总光源，从光源OB、OC、OD、OE一系列光波向S面入射。其中，OA光垂直界面，i = 0°，故γ = 0°，不发生折射，AA′光沿OA原方向射入光疏介质中。

随着光波入射角的加大，折射角势必不断增大，折射光线越来越偏离法线。当光线的入射角加大到一定程度时（如图中的OD光线），γ = 90°，相应得折射线DD′将沿界面进行传播。如果光波的入射角继续增大（如图中的OE光线），γ > 90°，入射光不再发生折射，而是全部反射回入射介质中，且遵循反射定律，反射角 = 入射角（i = γ）。这一现象称为光的全反射，与γ = 90° 相应得入射角称为全反射临界角。

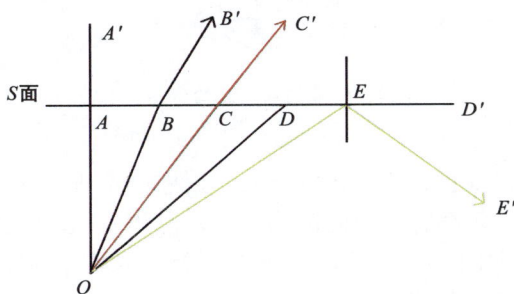

图2.5 光的全反射

设图2.5中光疏介质的折射率为n_1，光密介质的折射率为n_2（$n_2 > n_1$），全反射临界角为φ，将得出下式：

$$\frac{\sin \varphi}{\sin 90°} = \frac{n_1}{n_2} \qquad n_1 = n_2 \sin \varphi$$

根据上式，如果光密介质的折射率值n_2已知，便可根据全反射临界角计算出光疏介质的折射率值n_1值。宝玉石用折射率仪就是根据全反射原理设计制成的。反之，当n_2和n_1值已知时，根据上式可以计算出全反射临界角的值。在宝玉石加工中，为了使刻面达到对光的全反射效果，可根据加工宝玉石的折射率值，通过上述关系式，计算出最佳的刻面角度。

3）均质体与非均质体

根据光学性质在宝玉石的传播方式不同，可将宝玉石分为均质体和非均质体两大类。

（1）均质体

光学性质在各个方向上相同，即光在均质体宝玉石的各个方向上传播时，其速度和性质都是一样的。

特点：

①不改变入射光的振动特点和方向。

②只有一个折射率。如钻石$RI = 2.417$。等轴晶系和非晶体的宝玉石属均质体宝玉石。钻石、石榴石、尖晶石、玻璃等都是均质体宝玉石。

（2）非均质体宝玉石

非均质体宝玉石的光学性质随方向而异。当光波进入非均质体宝玉石时，一般会分解成振动方向互相垂直、传播速度不同、折射率不等的两束偏振光，这一现象称为光的双折射。除了等轴晶系以外的宝玉石为非均质体宝玉石。

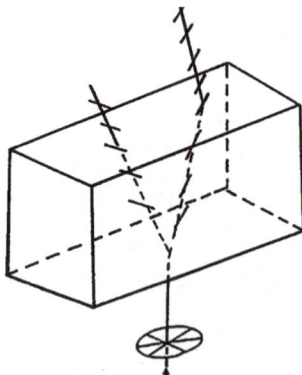

图2.6 非均质体光的传播

特点：

①分解成振动方向互相垂直、传播速度不同、折射率不等的两束偏振光。

②有无个数折射率，折射率有一定的范围。如水晶$RI = 1.544 \sim 1.553$。

光沿非均质体的特殊方向射入时，不发生双折射，基本上不改变入射光的振动特点和方向，这个方向称光轴。中级晶族只有一个方向不发生双折射，只有一个光轴，称一轴晶宝石，如红宝石、蓝宝石、祖母绿、碧玺、水晶。而低晶族有两个方向不发生双折射，有两个光轴，称二轴晶宝玉石，如橄榄石、金绿宝石、托帕石。

光的基本知识，在鉴赏宝玉石时，了解宝玉石的光学性质意义极大。首先，宝玉石的颜色、光泽以及所具有的一些特殊的光学效应都是光与宝玉石相互作用的结果，因此，光与宝玉石间相互作用产生的效应是评价宝玉石价值高低最重要的依据。第二，对宝玉石的检测，一般要求在无损伤条件下进行，所依据的主要是宝玉石的光学性质，如折射率、双折射率等，因此，光学性质对宝玉石检测至关重要。第三，为了最大限度地体现宝玉石的美，必须将宝玉石能产生的最吸引人的效果显示出来，为此，加工工艺师必须对宝玉石的光学性质有充分的了解。因此，光学对于宝玉石鉴赏的重要性可体现在评价、鉴定与加工等方面。

2.1.2 颜色

颜色是最直观、最明显的光学性质，是肉眼识别宝玉石最重要的依据之一，也是决定宝玉石品级，确定宝玉石价值大小的重要因素。

宝玉石正是因为颜色的丰富多彩和艳丽美妙而被人们所欣赏。自然界珍贵的宝玉石都有特征的颜色，如鸽血红、祖母绿等，它们是决定宝玉石档次、品级的重要特征及标准。宝玉石颜色的纯正匀净与否是划分宝玉石价值高低的重要因素。在宝玉石的鉴定中，颜色及色调有时也是区别各类宝玉石品种、天然与合成、天然与优化处理的重要标志之一。大多数宝玉石的颜色都是组成宝玉石的化学成分中的致色元素对光选择性吸收所造成的，也有部分宝玉石是由物理性质呈色。

1）宝玉石颜色的形成

（1）颜色的本质

在一般情况下，视觉正常的人仅能感觉到700～400 nm范围的波谱，（可见光—自然光）其颜色依次为红、橙、黄、绿、蓝、紫。

图2.7 自然光谱

一定的物体包括发光体具有固定的光谱特征，具有特定的颜色，所以颜色是客观存在的。但是，另一方面，颜色又受到人眼和大脑对物体辐射的接收和判断，接收和判断的正确度影响到不同人对颜色的表达。形成颜色要具备三个条件：

①（白）光源。

②反射或者折射时改变这种光的物体。

③接受光的人眼和解释它的大脑。

三个条件缺一不可，否则就没有颜色。

（2）宝玉石对光的吸收

白光照射到宝玉石上，会被宝玉石吸收，如果均匀地吸收所有的可见光，宝玉石将呈现灰色到黑色，如果只是吸收了可见光中的某些波长的光线，对光线不均衡地吸收，宝玉石将呈现出颜色，这种性质称为选择性吸收。

（3）宝玉石的颜色

宝玉石不均衡地吸收（选择性吸收）白光，导致被吸收的较弱波长的光线和未被吸收的较强波长的光线混合在一起透射（或者反射）出宝玉石，形成颜色。这种由残余光线的形成的颜色称为剩余色，由剩余色性形成的颜色称为宝玉石的体色。

与宝玉石体色对应的是宝玉石的辉光和晕彩，例如黑欧泊的体色是深蓝色，它的变彩有红、黄、绿等多种颜色。

2）宝玉石颜色的描述方法

（1）颜色的互补和加和

宝玉石对白光中各色光波不等量吸收，选择性吸收后所呈现的颜色遵从色光的混合—互补原理。当两种色光混合后呈现白色，则称这两种色光为互补色光。红光与青光、绿光与品红光、蓝光与黄光等都是互补色光。如宝玉石对白光中的黄光吸收较多，对其他色光吸收程度相近，则呈现出蓝色。

宝玉石矿物颜色的深浅，取决于宝玉石对各色光波吸收的总强度。吸收的总强度大，颜色就深，反之颜色则浅。

（2）颜色要素

宝玉石的颜色特征可以用色度学规定的色调、明度、饱和度三要素来描述。

①色彩（色调）。色彩指颜色的种类，彩色宝玉石的色调取决于光源的光谱组成和宝玉石对光的选择性吸收，也是彩色间相互区分的特性，如红色、绿色和蓝色。

②明度（亮度）。明度指人眼对颜色明暗度的感觉。彩色宝玉石的明度大小取决于宝玉石对光的反射或透射能力，即宝玉石本身颜色的深浅和加工的光学效果。

③饱和度（纯度）。饱和度指颜色的纯净度和鲜艳度。色彩的纯净程度取决于宝玉石对光的选择性吸收程度。

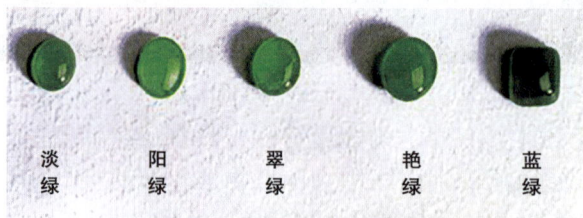

| 淡绿 | 阳绿 | 翠绿 | 艳绿 | 蓝绿 |

图2.8 饱和度

（3）颜色的定性描述

通常对颜色的命名方法是将主色调放在后面，用颜色修饰词描述次要的色调，如绿黄色、紫红色等，把颜色浓度的修饰词放在最前面，如浅黄绿色、淡蓝紫色等。

3）宝玉石颜色的呈色机理

（1）致色元素

化学元素中有些元素的氧化物和水合物带有颜色，这些元素主要属于元素周期表的过渡元素和镧系元素，被称为致色元素，主要有 Ti、V、Cr、Mn、Fe、Co、Ni、Cu 和稀土等。在宝玉石中，这些元素对宝玉石的颜色也起着重要的作用。但是，物体具有颜色的机制非常复杂，有些非致色元素在特定的分子结构中会产生颜色，同样，致色元素在不同的分子结构具有不同的致色作用，例如红宝石中的 Cr^{3+} 导致红色，祖母绿中的 Cr^{3+} 导致绿色。当致色元素的化合价不同时，产生的颜色不一样。例如钙铁榴石中的 Fe^{3+} 导致浅黄色，铁铝榴石中的 Fe^{2+} 导致深红色。过渡元素致色作用的机制可用各种物质结构的理论来解释。

（2）色心

色心是一种能导致物体产生颜色的晶格缺陷，可以分为电子色心和空穴色心两类。

①电子色心：电子占据了阴离子空位时所产生的色心。也可认为电子被捕获并占据了通常情况下本不应有电子存在的位置时，就形成了电子色心。

②空穴色心：由于阳离子缺失而相应产生的电子空位。也可认为一个本该存在电子的位置上缺少一个电子，留下一个"空穴"和一个能吸收光的未配对的电子，这种缺陷称为"空穴"色心。

色心是某些宝玉石种的主要致色原因，如萤石、紫晶、烟晶、蓝色托帕石和钻石等。

色心和致色元素的最大区别是，色心形成的颜色在一定条件下（如高温）会由于晶格缺陷的变化或者消失，而改变色心的性质，致使颜色发生改变或者褪色，称为色心转移和漂白。这种机制在宝玉石的颜色改性处理中发挥很大的作用。

（3）物理呈色

由于光的干涉、衍射、色散、散射和反射等物理现象导致的颜色，它常常叠加在宝玉石因选择性吸收而呈现的体色上，进一步增加宝玉石颜色的美丽和神秘。如欧泊的变彩、日光石的褐红色反光、钻石的火彩等。

（4）自色宝玉石、他色宝玉石、假色宝玉石

①自色：由化学成分中的主要元素引起颜色。

如橄榄石（Mg，Fe）$_2$[SiO_4]中的致色元素是 Fe，参与化学分子式，为主要元素，其含量是不变的，颜色单一。

特点：主要元素、颜色单一。

②他色：由化学成分中的杂质元素引起颜色。

如红蓝宝石（AI_2O_3），纯净时是无色的，当含有铬 Cr 时呈现出红色，含铁和钛（Fe+Ti）时呈蓝色。翡翠 $NaAlSi_2O_6$，纯净时白色；含 Cr 时鲜绿色；含 Fe 时深绿色。因两者同时存在，可现不同深浅的绿色，使得翡翠颜色丰富多彩。

绝大多数的宝玉石都是他色宝玉石。

特点：杂质元素、颜色变化大。

③假色：与宝玉石的化学成分和晶体结构没有直接关系，而与光的物理性质作用有

关。如内部的包体、解理等，对光的折射、反射等光学作用产生颜色。

表2.1 自色宝玉石和他色宝玉石一览表

自色宝玉石			他色宝玉石		
致色元素	宝玉石	颜色	致色元素	宝玉石	颜色
Cr^{3+}	钙铬榴石	绿色	Ti^{4+}	蓝锥矿	蓝色
Mn^{3+}	锰铝榴石	橙色	$Ti^{4+}+Fe^{2+}$	蓝宝石	蓝色
Mn^{3+}	蔷薇辉石菱	粉红	V^{3+}	绿色绿柱石	绿色
Mn^{2+}	磷锰矿	紫色	Cr^{3+}	红宝石、红尖晶	红色
Fe^{2+}	橄榄石	黄绿	Cr^{3+}	祖母绿	绿色
Fe^{2+}	铁铝榴石	暗红	Mn^{3+}	红色绿柱石	紫红
Cu^{1+}	绿松石	天蓝	Fe^{2+}	海蓝宝石	蓝和绿
Cu^{2+}	孔雀石	绿色	Ni^{2+}	绿玉髓	绿色
Cu^{2+}	硅孔雀石	蓝绿	Co^{2+}	合成蓝色尖晶	蓝色

（5）解释宝玉石致色机制的理论

除了物理呈色，宝玉石颜色的形成机制可以用各种物质结构的理论来解释，目前常用的、对颜色现象的解释具有成效的理论有晶体场理论、配位场理论、分子轨道理论、能带理论等。

2.1.3 透明度

1）透明度的物理定义

宝玉石的透明度是指宝玉石允许可见光透过的程度。

2）宝玉石中透明度的划分

宝玉石的透明度范围跨越很大，无色宝玉石可以达到透明，给人以清澈如冰的感觉，而完全不透明的宝玉石则较少。在研究宝玉石的透明度时，应以同一厚度为准。

在宝玉石的肉眼鉴定中，通常将宝玉石的透明度大致划分为：透明、亚透明、半透明、微透明、不透明五个级别。

（1）透明

能容许绝大部分光透过，当隔着宝玉石观察其后面的物体时，可以看到清晰的轮廓和细节，如水晶。

（2）亚透明

能容许较多的光透过，当隔着宝玉石观察其后面的物体时，虽可以看到物体的轮廓，但无法看清其细节。

（3）半透明

能容许部分光透过，当隔着宝玉石观察其后面的物体时，仅能见到物体轮廓的阴影。

（4）微透明

仅在宝玉石边缘棱角处可有少量光透过，隔着宝玉石已无法看见其背后的物体。

（5）不透明

基本上不容许光透过，光线被宝玉石全部吸收或反射。

图2.9 透明度

3）影响宝玉石透明的因素

宝玉石的透明度取决于宝玉石对光的吸收因素，吸收因素越大，透明度越低。而吸收因素的大小则与宝玉石内部的晶格类型有关。不同的晶格类型具有不同的吸收因素，从而表现不同的透明度。金属晶格内部存在着大量的自由电子，自由电子的跃迁对光有明显的吸收，所以具有金属晶格的宝玉石矿物，如赤铁矿，透明度很低，几乎不透明。而原子晶格和离子晶格内，往往缺失自由电子，对光的吸收能力相对较弱，因此具有较高的透明度。钻石具有典型的原子晶格，可有很高的透明度。

此外，宝玉石的透明度还受厚度、自身颜色、颗粒结合方式、杂质、裂隙等因素的影响。

（1）厚度对透明度的影响

同一品种不同厚度的宝玉石表现的透明度不同。厚度越大透明度越低。这是因为随着宝玉石厚度的增大，光在宝玉石中穿越的路程越长，宝玉石对光的吸收越大，也就是说入射光的光能消耗越大，宝玉石的透明度越弱。

（2）颜色对透明度的影响

同一品种同一颜色系列的宝玉石，颜色越深，透明度越低，这是由颜色成因决定的。在晶体场中不同能级的电子跃迁可产生不同的颜色，而参与同一能级跃迁的电子数的多少则决定颜色的深浅，参与同一能级跃迁的电子数越多，对入射光能量消耗越多，宝玉石的颜色就越深，相应地透明度就越低。

（3）杂质对透明度的影响

宝玉石中常含有一些细微的杂质，如晶体包体、气液包体或裂隙等。由于包体等杂质的折射率与主体宝玉石折射率的差异，入射光在包体与主体宝玉石的接触处发生折射、散射等，使通过宝玉石的光强度降低，从而使透明度降低。以乳石英为例，当无色透明的石英晶体中含有丰富的细小的气液包体时，这些细小的气液包体对入射光产生折射、散射，使原本透明的晶体呈现半透明的乳白色。

（4）集合体结合方式对透明度的影响

宝玉石多为单晶矿物，而宝玉石则为单矿物集合体或多矿物集合体。同一种属的宝玉石矿物单晶体的透明度高于集合体的透明度，如无色纯净的水晶晶体清澈透明，而微粒石英的集合体即石英岩则表现为半透明至近不透明。这是因为当入射光进入矿物集合体时，光线在矿物集合体如宝玉石的透明度受其组成矿物粒度、颗粒边缘形态、颗粒边缘结合方式等因素的影响。矿物粒度越不均匀，排列越杂乱，颗粒边缘越不平直，则对光的折射、散射作用越强，透明度越低。这也是我们看到宝玉石材料很少有高透明度的原因。

透明度与颜色一样，是一种非常直观的现象，如果两者结合在一起，对识别和评价宝玉石更有意义。如软玉和岫玉在外貌十分相似，但两者在透明度上差异比较大，岫玉的透明度比软玉好，前者为半透明，后者为微透明。

2.1.4　折射率RI与双折射率DR

折射率RI和双折射率DR是宝玉石的主要物理常数，是宝玉石种属鉴别的重要依据，是宝玉石证书中必不可少的内容。

根据折射定律，宝玉石的折射率等于光在空气中的传播速度与光在宝玉石中的传播速率之比。它是反映宝玉石成分、晶体结构的主要常数之一。

$$RI = \frac{\text{光在空气中的传播速度}}{\text{光在宝玉石中的传播速度}} = \frac{\sin \alpha}{\sin \beta} > 1$$

每种宝玉石都有折射率（RI）或折射率范围，因折射率具有诊断意义，故折射率成为常规宝玉石检测的一项重要内容，可用折射仪来测定宝玉石的折射率。如钻石RI = 2.42；水晶RI = 1.544 ~ 1.553。

1）折射率

光的传播速度为30万km/s。可是光在射入宝玉石后，速度会减慢。科学家们将光在真空中的速度和透明物质（宝玉石就是一种透明物质）中的速度之比，规定为这种透明物质的折射率，用符号RI来表示。例如光在金刚石中的速度为12.5万 km/s，故它的折射率为：

$$RI（金刚石）= \frac{30万\ km/s}{12.5万\ km/s} = 2.4$$

即金刚石的折射率为2.4。

宝玉石是透明矿物，它们的折射率在1.4 ~ 2.9。由于不同的宝玉石折射率数值不同，就可以利用宝玉石的折射率识别宝玉石。使用现代化的仪器，能够快速准确地测出宝玉石的折射率数值，并且不损伤宝玉石。

2）双折射率（DR）

宝玉石可分为两大类，即"均质体"与"非均质体"。凡是不结晶的物质如玻璃，以及等轴晶系的宝玉石如金刚石、尖晶石等，都属于均质体；而其他六大晶系的宝玉石，都属于非均质体。

均质体的宝玉石，只有一个折射率，称为单折射宝玉石；而非均质体的宝玉石，都有两个或三个数值不同的折射率，这称为"双折射"。双折射的宝玉石，不管它是两个或是三个折射率，其中必定有一个最大的和一个最小的，这二者之差叫作双折射率。例如锆石，属四方晶系的非均质体，具有两个折射率，一个为1.985，另一个为1.92，二者之差为0.065，即锆石的双折射率为0.065。又如蓝宝石，也具有两个折射率，一个为1.760，另一个为1.768，双折射率为0.008。而金刚石属等轴晶系，为均质体，仅有一个折射率。

具有双折射的宝玉石会产生一些特殊光学现象，这些现象可以作为识别宝玉石的依据并具有很大的用处。

2.1.5 光泽

1）光泽的定义及本质

宝玉石的光泽是指宝玉石表面反射光的能力。通常，光泽的强弱用反射率R来表示。反射率是指光垂直入射宝玉石光面时的强度（I_o）与反射光强度（I_γ）的比值，即$R = I_\gamma / I_o$。宝玉石反射率的大小主要取决于折射率（n）和吸收指数（K）。

对于不透明的宝玉石：
$$R = \frac{(n-I)^2 + K^2}{(n+I)^2 + K^2}$$

对于透明的石英：
$$R = \frac{(n-I)^2}{(n+I)^2}$$

一般而言，宝玉石折射率和吸收系数越大，光泽也就越强。通常用R值度量。

实际上，影响光泽的因素很多，而且很复杂。除上述所说的与吸收率和折射率有关外，还与宝玉石表面的抛光程度、集合体宝玉石矿物的组成矿物、结构、紧密程度等因素有关，如一粒表面凹凸不平、抛光粗糙的宝玉石会引起光的漫反射，使进入人眼的光减弱，因而表现出相对较弱的光泽。

2）光泽分类

根据光泽的强弱可以将光泽分为金属光泽、半金属光泽、金刚光泽和玻璃光泽等。对于宝玉石矿物来讲，绝大部分为玻璃光泽，金属光泽和半金属光泽者极少。另外，由于反射光受到宝玉石矿物颜色、表面平坦程度、集合体结合方式等的影响，还可以产生一些特殊的光泽，如油脂光泽、树脂光泽、丝绢光泽等。

（1）金属光泽

金属光泽：$RI > 2.4$，反光极强，一般不透明，如贵金属中金（Au）、银（Ag）、铂（Pt）；在宝玉石中很少出现。

（2）半金属光泽

半金属光泽的宝玉石矿物，表面呈弱金属般的光亮，一般不透明，如黑钨矿和铬铁矿。宝玉石中所见赤铁矿多为集合体，受颗粒结合形式的影响，光泽要低于赤铁矿单晶晶面的光泽。

（3）金刚光泽

*RI*在2～2.6，是非金属矿物中最强的一种光泽。由金刚石表面所显示的一种光泽类型，反光强，如同镜面，以钻石为代表。无色钻石之所以能成为宝玉石之王，很重要的一个因素是它具有极强的金刚光泽，在阳光下光芒四射，给人以光彩夺目、灿烂辉煌的感觉。

（4）亚金刚光泽

*RI*在1.90～2.00，介于金刚光泽与玻璃光泽之间。一种明亮的光泽，如锆石和立方氧化锆cz。

（5）玻璃光泽

如同玻璃表面所反射的光泽，大多数宝玉石都具有玻璃光泽，*RI*在1.54～1.90。如祖母绿、水晶、托帕石、碧玺等。而*RI*在1.70～1.90的宝玉石光泽要更明亮，称强玻璃光泽，如红宝石、尖晶石等。

上面光泽等级的划分实际上是人的肉眼对反射光的一种视觉感知，它们往往与反射率、折射率之间没有一个截然的界限，相互之间可能存在一定程度的重叠。上面列出的数据也仅供参考。

由于矿物表面光滑程度和集合方式不同会使光泽发生变化，形成一些特殊光泽。常见特殊光泽类型有：

（1）油脂光泽

油脂光泽是在一些颜色较浅，具有玻璃光泽或金刚光泽的宝玉石的不平坦断面上或集合体颗粒表面所见到的一种光泽。如石英晶面为玻璃光泽，断口可为油脂光泽，集合体的石英岩断口也为油脂光泽。另外，石榴石和磷灰石的断口也多为油脂光泽。

（2）树脂光泽

一些颜色为黄—黄褐色的宝玉石，断面上可以见到一种类似于松香等树脂所呈现的光泽。如琥珀，其断面上常见到树脂光泽，但当琥珀磨抛出一个非常好的平面时，可呈现一种近似的玻璃光泽。

（3）蜡状光泽

在一些透明—半透明宝玉石矿物的隐晶质或非晶质致密块体上，由于反射面不平坦，产生一种比油脂光泽暗些的光泽，如块状叶蜡石的光泽。

（4）土状光泽

一些细分散的多孔隙的宝玉石矿物因对光的漫反射或散射而呈现一种暗淡的土状光泽，如风化程度较高的劣质绿松石。

（5）丝绢光泽

一些透明的原具玻璃光泽或金刚光泽的宝玉石矿物，当它们呈纤维状集合体的形式出现时，或一些具完全解理的矿物表面所见到的一种像蚕丝或丝织品那样的光泽，如虎睛石。

（6）珍珠光泽

在珍珠的表面或一些解理发育的浅色透明宝玉石矿物表面，所见到的一种柔和多彩的光泽，如珍珠。

3）光泽在宝玉石鉴定中的应用

光泽是宝玉石的重要性质之一。在宝玉石的肉眼鉴定中，光泽可以提供一些重要的信息。如翡翠在宝玉石中其光泽是最强的，为油脂状玻璃光泽，反光强，是其他宝玉石所不能相比的。

经验丰富的鉴定人员，可以凭借光泽的特征将部分仿制品剔除或对不同的宝玉石品种进行初步的鉴定：如在斯里兰卡购买的一种混装宝玉石。其中主要的品种有尖晶石、锆石、石榴石。有经验者可以凭借锆石的亚金刚光泽而将锆石初选出来。如果鉴定者对粗糙的宝玉石断面有较深刻的认识，光泽可帮助鉴定未切割的宝玉石。可以使用放大镜来观察宝玉石的断面，玉髓、软玉等宝玉石其断面多具有油脂光泽。而绿柱石等单晶宝玉石的断面则多具玻璃光泽。光泽在宝玉石鉴定中的另一个应用是对拼合石的鉴定。在放大镜下观察拼合石的不同部位，往往显示不同的光泽。例如以玻璃为底、石榴石为顶的拼合石，由于石榴石的折射率较高，因而表现出强玻璃光泽。上、下两部分光泽的差异足以引起鉴定者警惕。

虽然光泽可以作为宝玉石鉴定的依据之一，但是光泽不是绝对的鉴定依据，它需要与其他手段相配合，才能对宝玉石做出准确的鉴定。因为光泽除受自身因素影响之外，还会受到抛光程度等的影响。金刚光泽在宝玉石中是一种很强的光泽，但如果将一切切割和抛光不良的钻石与一块切割抛光都十分好的锆石放在一起，在近距离的明亮光线下观察，单凭光泽，即使是内行人也很难分得出来。

非均质宝玉石矿物晶体的光泽具有各向异性，相同单形的晶面表现相同的光泽，不同单形的晶面光泽略有差异。

2.1.6 色散

当白色复合光通过具棱镜性质的材料时，棱镜将复合光分解而形成不同波长光谱的现象称为色散，它是由于光在同一介质中的传播速度随波长而异所造成的。白光是一种复色光，它由红、橙、黄、绿、青、蓝、紫等不同的单色光复合而成。当白光通过具有棱镜性质的材料时，由于不同波长的光在其中的传播速度不同，其折射率也会不同。因此当光线通过射入和射出棱镜材料经过两次折射后，就会把原来的白色光分散而形成不同波长的彩色光谱。

色散的强弱可以用色散值来表示。通常把材料对红光687.7 nm和紫光430.8 nm两束单色光的折射率值规定为材料的色散值。色散值越大色散越强，反之越弱。这两种波长的光分别为太阳光光谱中的G线和B线，根据色散值的大小，可将色散划分成不同的等级：极低（0.010以下），低（0.010～0.019），中高（0.020～0.029），高（0.030～0.059），极高（0.060以上）。

色散在宝玉石中有两种意义。其一可以作为宝玉石肉眼鉴定的特征之一，特别是在对无色或颜色较浅的宝玉石鉴定中起着较重要的作用。在一堆无色透明的宝玉石，如水晶、黄玉、绿柱石、玻璃、钻石中，有经验的宝玉石工作者可以根据钻石的高色散值（0.044）

将钻石挑选出来，还可以根据不同的色散值，将钻石与锆石区分开来。其二，高色散值使宝玉石增添了无穷的魅力。无色的钻石之所以能成为宝玉石之王，很重要的原因之一便在于它的高色散值。当自然光照射到角度合适的钻石刻面时，会分解出光谱色。

刻面型宝玉石的色散作用使白光分解而形成五颜六色的闪烁光的现象，称为火彩。在钻石表面显示出一种五颜六色的火彩。

彩色宝玉石的色散往往被自身颜色所覆盖，而表现得不十分明显，但是高色散值同样为彩色宝玉石增添光彩。如绿色的翠榴石，由于具有很高的色散值（0.057），看上去比绿色玻璃还艳丽得多。

具有高色散的宝玉石有：锰铝榴石0.027，人造钇铝榴石0.028，锆石0.039，钻石0.044，翠榴石0.057，合成立方氧化锆0.065，人造钛酸锶0.19，合成金红石0.28。

影响宝玉石火彩的因素还有体色、净度和切工比例等。

2.1.7　多色性

多色性用于描述某些双折射有色宝玉石中看到的不同颜色的现象。如红宝石多色性明显，而其他的红色宝玉石都不具备。

多色性是对非均质体有色宝石沿非光轴方向观察时，出现不同颜色或颜色深浅变化的现象。

产生的条件必须是非均质体和有色宝玉石，而均质体宝玉石和无色宝玉石不可能有多色性。差异选择吸收是造成多色性的原因。差异选择吸收：进入非均质体有色宝玉石的光被分解成两束偏振光，它们对宝玉石选择吸收的情况不同，其残余色在色调上或颜色上有差异。

多色性包括二色性和三色性。一轴晶宝玉石可以有二色性，如红宝石、蓝宝石、碧玺、祖母绿等；二轴晶宝玉石可以有三色性，如变石、坦桑石、红柱石。

二色性：当光线进入一轴晶有色宝玉石，沿非光轴方向分解成振动方向互相垂直的两束偏振光线，光线呈现出两种不同或同一颜色不同色调的现象。如蓝宝石，在垂直光轴方向的颜色为深蓝色，而在平行光轴方向为浅蓝色或黄绿色。所以，宝玉石工匠常将台面做成与光轴垂直方向，以显示最佳色调。

通常肉眼很难观察到多色性，一般是用二色镜来观测。多色性能帮助区分一轴晶和二轴晶宝玉石，检测宝玉石。如红宝石与其他红色宝玉石。同时，在加工时，也能确定宝玉石的最佳颜色。

宝玉石的多色性明显程度与宝玉石的性质有关，也与所观察的宝玉石的方向性有关。在平行光轴或平行光轴面的切面内，多色性表现最明显，垂直光轴的切面则不显多色性；其他方向的切面上的多色性的明显程度介于上述两者之间。

表2.2 常见宝玉石的多色性

宝玉石	多色性的明显程度	多色性的颜色
红宝石	强	二色性：淡橙红、红
蓝宝石	强	二色性：淡蓝绿、蓝
祖母绿	弱	二色性：淡蓝、玫瑰色
海蓝宝石	明显	二色性：无色、淡蓝紫
金绿宝石	强	三色性：绿、浅黄红、红
猫眼石	强	三色性：绿、浅黄红、红
变石	强	三色性：绿、浅黄红、红
绿电气石	强	二色性：浅绿、深绿
红电气石	强	二色性：深红色、淡红色
蓝黄玉	明显	三色性：无色、粉红、蓝色
紫水晶	弱	二色性：浅紫、紫

2.1.8 特殊光学效应

特殊光学性质由于光的反射、折射、干涉等造成的光学现象。如猫眼、星光、变彩、变色、砂金效应等，从而增加了宝玉石的美感，提高了自身的价值。

图2.10 特殊光学效应

1）猫眼效应

弧面型宝玉石在光的照射下，表面会呈现出一条闪亮的光带，犹如猫的眼睛，且随光源的移动而移动。造成的原因是内部有一组密集排列的包体，如金绿宝石。

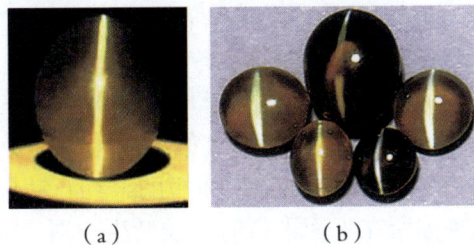

（a） （b）

图2.11 金绿宝石猫眼

产生猫眼效应的宝玉石必须具备三个条件：

①一组密集的定向排列的包裹体或结构。

②弧面型宝玉石的底面与包裹体所在平面平行。

③弧面型宝玉石的高度与反射光焦点平面高度相一致。

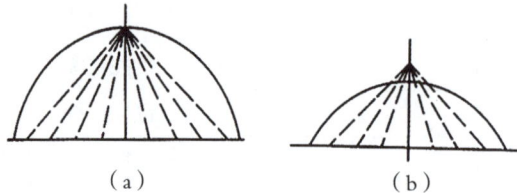

（a）　　　　　　　（b）

图2.12 弧面型宝玉石的高度与眼线宽度的关系

具有猫眼效应的宝玉石很多，在名称上只有具猫眼效应的金绿猫眼可直呼猫眼石，而其他具猫眼效应的宝玉石，均需加上宝玉石的名称。如海蓝宝石猫眼、电气石猫眼、磷灰石猫眼、石英猫眼、人造玻璃猫眼等。

猫眼效应要用平行光照射才能观察得最好。对猫眼的评价：眼线是否窄细、明亮；游动是否灵活；是否居中。

2）星光效应

弧面型宝玉石在光的照射下，其表面出现呈放射状闪动的亮带，如同天空中闪烁的星星，如红宝石、蓝宝石。产生机理：同猫眼效应的形成机理，所不同的是含有两组或两组以上的定向包裹体或定向结构。

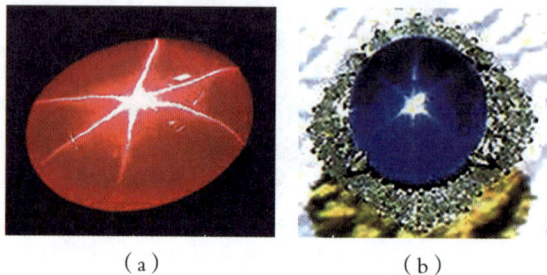

（a）　　　　　　　（b）

图2.13 星光效应

产生星光效应的宝玉石必须具备三个条件：

①两组或两组以上密集的、定向排列的包裹体或结构。

②弧面型宝玉石的底面与包裹体所在平面平行。

③弧面型宝玉石的高度与反射光焦点平面高度相一致。

当存在两组相交包裹体或结构时，产生四射星光；当存在三组以60°相交包裹体或结构时，产生六射星光；当存在两套三组相交包裹体或结构时，产生十二射星光，这种情况少见。以刚玉为例，其内部有三组相交120°细而短的金红石针包裹体，当切割成弧面型宝玉石时，底面与金红石针包裹体所在平面平行时，便产生六射星光。

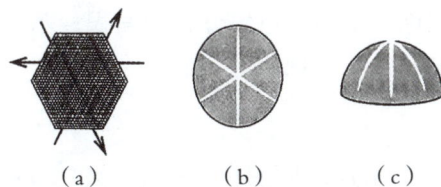

图2.14 星光效应的产生与两组以上定向排列的针管状包体和加工方向有关

天然星光宝玉石特征是：星线发散，不对称，有断腿和宝光，底面多不抛光，可见色带。而合成的星光宝玉石特征是清晰明亮，星线规则，居中，无断腿和宝光，底面一般要抛光，可见弯曲生长纹。

3）变彩效应

光从贵欧泊所特有的内部结构中反射时，由于光干涉或衍射作用而产生颜色或一系列颜色，并随着光源的移动而变化。

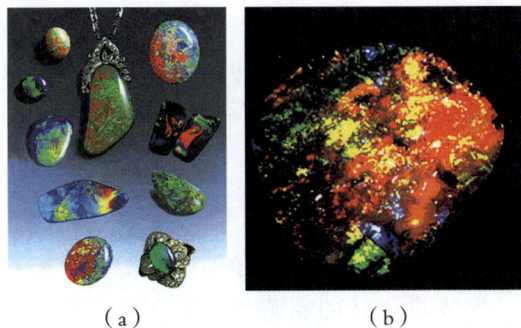

图2.15 变彩效应

产生机理：

欧泊的化学成分为$SiO_2 \cdot nH_2O$，在其结构中SiO_2为近于等大的球体在空间作规则排列，球体之间由含水的SiO_2胶体充填，胶体与球体之间有微小的折射率差异，球体直径与球体之间的孔隙直径近于相等，为150～300 nm。这样，欧泊的结构就形成了最典型的天然三维光栅，使入射光发生干涉作用。当转动宝玉石，即改变入射光角度时，衍射所呈现的颜色亦随之改变，即发生变彩。衍射所呈现的颜色与SiO_2球体大小有关，若球体较小，其内部界面的间距与紫光和蓝光的波长相当，则显现蓝色；若球体较大时，可能产生从紫到红的全色段之颜色。

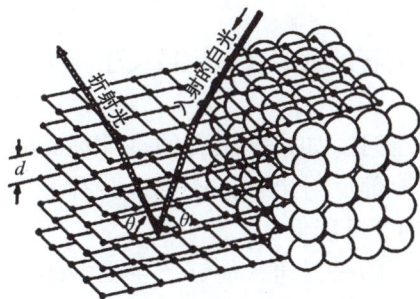

图2.16 变彩的成因

变彩的评价：色彩是否鲜艳、丰富；色斑分布的面积；基底的深浅。

除贵蛋白石外，拉长石也具备变彩现象。

4）变色效应

在不同光源照射下宝玉石会出现不同颜色的现象。如变石，白光下呈红色，日光下呈绿色。

图2.17 变石的变色效应

产生的条件：变石的可见光吸收光谱中存在着两个明显相间分布的色光透过带，而其余色光均被较强吸收。例如，变石有两个透光区，一个是绿光区，一个是红光区。由于日光中绿光偏多，因此日光下变石呈现绿色；而白炽灯中红色光偏多，所以白炽灯下变石呈现红色。因此有"白昼里的祖母绿，黑夜中的红宝石"之称。具变彩效应者除变石外，还有哥伦比亚产蓝宝石（含V）、泰国产绿色蓝宝石及人造尖晶石变石、人造刚玉宝玉石及人造玻璃变石等。

5）月光效应

在月光石中存在有折射率不同的钾长石和钠长石薄片互层平行发生的超细微结构引起光的散射、漫反射作用，形成朦胧状的蔚蓝色，即在乳白色的底色中，飘动着一点点微弱的蓝色，如同皎洁的月光，故名月光效应。当互层太厚时，泛为白光，价值与泛蓝光差距很大。

6）砂金石效应

砂金石效应是光从宝玉石材料所含规则或不规则的片状矿物或云母小片以及铜片等反射而产生的闪烁效应。最常见的是东陵石和砂金玻璃（金星石）。

7）亮度

亮度是指光线从宝玉石后刻面反射而导致的明亮程度。它与宝玉石的透明度、净度及抛光比例有密切关系。

宝玉石的亮度既取决于宝玉石的透明度，也取决于宝玉石的折射率（或者全反射的临界角）。

透明宝玉石被切磨成刻面型时，如果宝玉石的亭部刻面的角度合适，使入射的光线在亭部刻面上产生全反射，并从冠部反射出来，使宝玉石看上去非常明亮。如果切磨的角度不当，光线逸失，导致宝玉石的亮度降低。

高折射率的宝玉石具有较小的临界角，能够产生更多的全反射，宝玉石的亮光好，如钻石折射率高达2.417，正确的加工比例可以使钻石不漏光，而格外明亮。而低折射率的宝

玉石，临界角较大，即使切磨得当，也很难做到不漏光，其亮光不如钻石等高折射率的宝玉石。

因此，宝玉石的亮度与宝玉石本身的折射率高低有关，也与宝玉石琢型具有正确的切工参数有关。折射率越高，切工参数越正确，透明度、宝玉石的亮度就越好。

【实训】宝玉石的光学性质

实训目的及要求：

初步学会肉眼观察宝玉石的颜色、形态等特征，并了解特殊光学效应形成的原因，要求描述宝玉石的各项肉眼所见特征。

实习内容：

（1）对比宝玉石的解理、透明度、光泽之间的差别。

（2）根据宝玉石的颜色了解宝玉石颜色产生的原因，观察自色、他色和假色宝玉石。

（3）观察宝玉石透明度的划分。

（4）描述宝玉石的颜色、形态、透明度、光泽及其他表面特征、特殊光学效应（猫眼、星光、变色、变彩、色散）、内部特征。

表2.3　宝玉石的光学性质

编号	名称	颜色	总体观察	放大观察
			1. 琢型 2. 透明度 3. 光泽 4. 特殊光学效应	1. 表面特征 2. 内部特征
			1. 琢型 2. 透明度 3. 光泽 4. 特殊光学效应	1. 表面特征 2. 内部特征
			1. 琢型 2. 透明度 3. 光泽 4. 特殊光学效应	1. 表面特征 2. 内部特征

任务2　宝玉石的力学性质

宝玉石的力学性质是指宝玉石矿物在外力（如刻画、研磨、敲打）作用下所呈现的性质，包括密度、硬度、解理、裂理和断口等。

宝玉石的物理性质是鉴别宝玉石的重要依据。所有的宝玉石均具有各自特征的物理性质，且不少性质仅用肉眼或简单工具（如10倍放大镜）就能观察或测试，因而利用其可以方便快捷地鉴别宝玉石。

2.2.1　解理、裂理和断口

解理、裂理和断口的共同特点是在外力作用下产生破裂。

1）解理

解理是指宝玉石矿物受外力作用下，沿一定的结晶方向发生破裂，并裂开出光滑的平面的性质。光滑平面称为解理面。如钻石有八面体解理；黄玉有底面解理；硬玉有柱状解理。

图2.18　钻石的八面体解理

解理总是沿着晶体结构的薄弱处发生，且同种宝玉石必定具有相同的解理，因此，解理是宝玉石晶体所固有的性质，是宝玉石的鉴别标志之一。

解理面与晶面不同，解理面一般可形成许多相互平行的平面，而且光滑，而晶面仅是晶体最外面的一个面，一般不平整且反光弱，解理面一般平行晶面。

虽然绝大多数晶体都会发生解理，但表现程度有异。根据解理发生的难易和解理面发育的程度，将其分为五级：

①极完全解理：极易发生，解理面显著、平整、光滑。

②完全解理：易于发生，解理面显著但较平滑。

③中等解理：能够发生，解理面显著但不够平滑。

④不完全解理：虽能发生，但较困难，解理面断续分布。

⑤极不完全解理：很难发生，一般称作无解理。

解理在宝玉石学中具有重要意义，主要是针对具有解理的宝玉石。

①许多宝玉石原料其解理性质成为鉴定其真假的重要依据，如钻石具完全的八面体解理，并因解理的发育而在其原石表面呈现三角座等标志性特征，若一颗呈八面体外形的晶体原石，当其表面无八面体解理或三角座痕迹时，我们应大胆怀疑其真假。

如翡翠中由于其组成矿物发育相互近于垂直的两组解理，光从解理面反射形成特殊的类似珍珠光泽的闪光，行业内称翠性，云南人称为苍蝇翅，它是鉴定翡翠真假的重要理论依据。

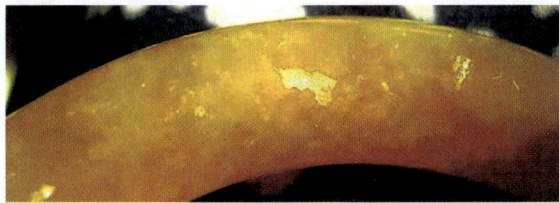

图2.19 翡翠中的翠性

②在宝玉石加工中，解理是必须考虑的重要因素。如由于解理面不能抛光，因此在设计加工刻面型宝玉石时，任何一小面都不能与解理面平行，至少应使刻面与解理面保持5°以上的夹角，否则加工将失败，并由此产生重大的经济损失。此外，钻石工匠利用解理劈开钻石或去杂。如1908年，一位荷兰阿姆斯特丹的著名宝玉石工艺大师，巧妙地利用钻石所具有的一组中等解理，竟把当时名震于世的一颗重3 106 ct的库利南金刚石劈成两半，分别加工成具74个面的梨形小面型钻石和58个面的方形小面型钻石，并分别称之为库利南Ⅰ号和Ⅱ号。此外，在佩戴宝玉石时，要尽量使其免受外力打击而发生沿解理破裂或产生裂缝。

2）裂理

宝玉石矿物晶体在外力作用下，沿着双晶接合面或杂质夹层等裂开的性质称为裂理。因裂理而裂开的平面称为裂理面。同种晶体若形成双晶，则必须遵循一定的双晶律，若存在杂质夹层则必有一定的结晶学方向，因此裂理的产生也有一定的方位。但它与解理不同，同种晶体中必定具有完全相同的解理，而裂理则未必。

刚玉晶体中因存在有聚片双晶，使其底面裂理特别发育，红宝石有十红九裂之说。许多红宝石就是因为存在裂理而失去了珍贵宝玉石的价值。

3）断口

断口系指在外力作用下，沿任意方向裂开的性质。断口的发生是无固定方向的，且其断面不平整，但常具有一些特征的形态，因而断口也是宝玉石的鉴别标志之一。如水晶的断口形态呈贝壳状，称之为贝壳状断口；石榴子石、橄榄石等宝玉石之断口形态常为参差不平状，称为参茶状断口；软玉的纤维状结构，使它出现所谓的锯齿状断口，等等。

2.2.2 硬度（H）

如钻石的H为10；水晶的H为7。硬度与其内部晶体结构和化学键有关。

硬度是宝玉石矿物的重要特征，其测试方法有两种方法：相对硬度和绝对硬度。相对硬度在鉴定宝玉石中有重要意义，常用的相对硬度是摩氏硬度。可用摩氏硬度计来测试。

摩氏硬度是1882年由德国物理学家摩斯提出来的。他将硬度分为10级，并分别用10种矿物指示。这10种矿物按序排列，即构成摩氏硬度计（Moths scale of hardness）。

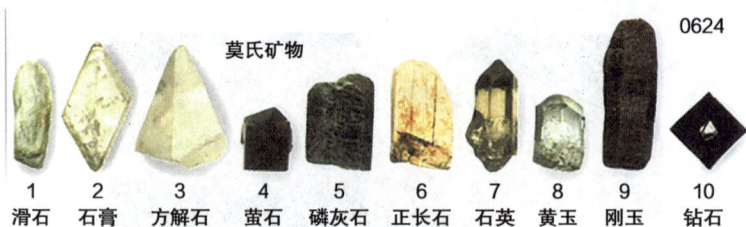

1	2	3	4	5	6	7	8	9	10
滑石	石膏	方解石	萤石	磷灰石	正长石	石英	黄玉	刚玉	钻石

图2.20 摩氏硬度计

必须指出：这10种矿物所代表的硬度，只是其相对大小，各级之间的差异并非均等，摩氏硬度只是一种相对硬度。

宝玉石界流传着一句摩氏硬度口诀以帮助大家记忆：

一滑二膏三方解，四萤五磷六长石，七英八黄九刚玉，唯有金刚把十冠。

摩氏硬度的测定十分简便，选择待测宝玉石之新鲜的晶面或抛光面，用摩氏硬度计中的矿物刻画之，看在待测宝玉石的刻画处是否留下刻痕，从而估计出待测宝玉石的硬度。如祖母绿被黄玉刻画留下刻痕，而用石英刻画没有刻痕，说明祖母绿之硬度低于黄玉而高于石英，故估计其摩氏硬度为7.5。此外，一些常见物品也可用来进行硬度测试。如指甲的硬度约为2.5，铜针约为3，小刀约为5.5，玻璃约为5.5。

需要指出的是，宝玉石硬度的测试，对其原材料的鉴别来说，是快速有效的，但对宝玉石成品来说，则是破坏性的，一般不用，在万不得已时，则用宝玉石成品的腰部来进行。测试时将待测标本放于磨平的标准矿物（即摩氏硬度计中的矿物）片上刻画，检查矿物片上有无刻痕，从而估计出宝玉石成品之硬度，切不可用标准矿物来刻画宝玉石成品。

人们还用标准矿物之尖锐小块制成了硬度笔，作为测试宝玉石成品硬度的工具。用硬度笔测定宝玉石成品的硬度时，必须在宝玉石成品上不易被察觉的部位进行，并应使刻痕尽量小而只能在放大镜下才可观察到。使用硬度笔的一般规则是：从硬度小的笔开始向硬度大者依次进行。其目的是为了在宝玉石成品上仅留下一条刻痕。

在宝玉石商贸中，不同硬度宝玉石不能混装，以免摩擦；空气灰尘石英，硬度为7。对于硬度$H < 7$的宝玉石避免与灰尘接触，使宝玉石面上不会变"毛"。在使用硬度鉴定宝玉石时，一般作为最后的测试，应遵循"先软后硬"的顺序。

应指出在某些材料中，硬度依结晶方向不同而存在差异，如蓝晶石在平行柱面方向的硬度为5.5，而在垂直方向上为6.5；钻石也存在差异硬度，其八面体方向的硬度大于其他方向的硬度。且金刚石粉末的方向是随机的，可能含有大量硬度较大方向的尖粒，因而金刚石抛光粉可用于钻石戒指的抛磨。

宝玉石是由不同硬度矿物组成，所用磨料的硬度须高于宝玉石材料中最硬的矿物，否则在这些材料表面易出现高低不平的小坑或突起（橘皮现象）。

2.2.3 韧性和脆性

宝玉石在外力作用下抵抗碎裂的性质称为韧性（toughness）；易于碎裂的性质为脆性（brittleness）。韧性和脆性是一个问题的两个方面，它们是宝玉石抗碎裂程度的一种标志。

韧性或脆性与宝玉石的硬度之间没有必然的联系，即硬度较大者，未必韧性也大（或脆性较小），如钻石的硬度最大，耐磨损性好，但韧度较小，脆性较大，较易破碎，所以钻石可以刻画钢锤，但经不起钢锤一击，故在钻石的加工和佩戴时，要注意尽量避免撞击；又如，软玉硬度较低，但它的韧性较大，脆性较小，不易破碎，它虽不能刻画钢锤，但有时能经得起钢锤之击。一般软玉的韧性较大，人们正是利用这一点，将其雕琢成各种玲珑剔透的玉器工艺品。

2.2.4 比重（相对密度）

比重是物质在空气中的重量与4 ℃时同体积水的重量之比。比重没有量纲，因而也没有单位。宝玉石比重 = 宝玉石密度/4 ℃水的密度。因为4 ℃水的密度为1 g/cm^3，故宝玉石的比重和密度在数值上是相同的。

比重的大小取决于组成元素的原子量、原子或离子的半径和结构紧密程度，因此，相对密度是鉴定宝玉石（特别是玉石）的一个重要参数。宝玉石的比重值受其化学组成和晶体结构的控制。因此，每种宝玉石均有其固定的比重值，但由于受到类质同象、杂质包裹体的影响，实测的比重值会有一个小的变化范围。

实际应用中，物质的体积尤其是不规则形状的体积较难获得，因而密度的测定较为困难，相对而言，物质比重的测定要容易得多，因此，宝玉石工作者一般用比重作为宝玉石的重要鉴别标志。

项目 3

人工宝玉石的鉴定

【知识目标】

通过本项目的学习，能够对人工合成宝玉石的方法有所了解，并熟悉各种方法所能合成的宝玉石的种类，掌握每种方法合成的宝玉石的鉴定特征。

【能力目标】

能鉴定未知宝玉石是天然的还是人工合成的，如果是人工合成的，能鉴别其合成方法。

【任务背景】

随着科学技术的发展，人民生活水平不断提高，人类对宝玉石的需求也逐渐增加。然而天然宝玉石材料的资源毕竟是有限的，人工宝玉石材料能够大批量生产，且价格低廉，故人工宝玉石材料所占市场份额也随之提高。人工宝玉石材料的品种日益繁多，合成宝玉石的特性也越来越接近天然品种。宝玉石学家不断面临鉴别新的人造宝玉石材料的挑战。

人工制造宝玉石的历史可追溯到1500年埃及人用玻璃模仿祖母绿、青金石和绿松石等。人工合成宝玉石始于18世纪中期和19世纪，在1890年，助熔剂法合成红宝石获得成功；1900年助熔剂法合成祖母绿成功。从此，宝玉石合成业飞速地发展起来。合成尖晶石、蓝宝石、金红石、钛酸锶等逐渐面市。1953年合成工业级钻石，1960年水热法合成祖母绿及1970年宝石级合成钻石也相继获得成功。

我国人工宝玉石材料的生产起步较晚。20世纪50年代末，为了发展我国的精密仪器仪表工业，从苏联引进了焰熔法合成刚玉的设备和技术，20世纪60年代投产后，主要用于手表轴承材料的生产。后来发展到有20多家焰熔法合成宝玉石的工厂，能生长出各种品种的刚玉宝石、尖晶石、金红石和钛酸锶等。

我国用水热法生长水晶的研究工作始于1958年。目前几乎全国各省都建立了合成水晶厂。我国的彩色石英从1992年开始生产，现在市场上能见到各种颜色品种的合成石英。

想要准确鉴定宝玉石是天然的还是人工合成的，必须熟悉每种不同合成方法的原理和鉴定特征。目前常见的人工合成宝玉石的方法有以下几种：①焰熔法；②冷坩埚法；③提拉法和导模法；④助熔剂法；⑤水热法；⑥高温超高压法；⑦化学气相沉淀法等。本项目从这些合成方法的原理出发，逐一介绍其鉴定方法。

任务1　焰熔法合成宝玉石的鉴定

3.1.1　焰熔法（维尔纳叶法）简介

最早是1885年由弗雷米（E. Fremy）利用氢氧火焰熔化天然的红宝石粉末与重铬酸钾而制成了当时轰动一时的"日内瓦红宝石"。 1902年，弗雷米的助手、法国的化学家维尔纳叶改进并发展这一技术，使之能进行商业化生产。因此，这种方法又被称为维尔纳叶法。

3.1.2　基本原理

焰熔法是从熔体中生长单晶体的方法。其原料的粉末在通过高温的氢氧火焰后熔化，熔滴在下落过程中冷却并在籽晶棒上固结逐渐生长形成晶体。此过程是在维尔纳叶炉中进行的，可以生长各种品种的刚玉、尖晶石、金红石、钛酸锶等宝玉石晶体。此法生产晶体的速度快，获得的晶体常含有气泡和弯曲生长纹。

特点：成本低、设备简单；合成速度快，晶体大，1 cm/h。

3.1.3　合成装置与条件、过程

焰熔法合成装置由供料系统、燃烧系统和生长系统组成，合成过程是在维尔纳叶炉中进行的。

1）供料系统

①原料：成分因合成品的不同而变化。原料的粉末经过充分拌匀，放入料筒。

②料筒（筛状底）：圆筒，用来装原料，底部有筛孔；料筒中部贯通有一根振动装置，使粉末少量、等量、周期性地自动释放。

③振荡器：使料筒不断抖动，以便原料的粉末能从筛孔中释放出来。 如果合成红宝石，则需要Al_2O_3和Cr_2O_3，Al_2O_3可由铝铵矾加热获得；致色剂为Cr_2O_3，含量为1%～3%。

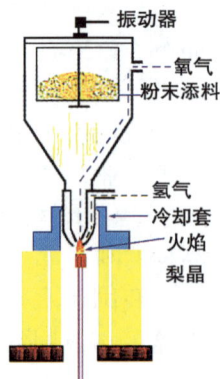

图3.1　维尔纳叶法装置

2）燃烧系统

氧气管：从料筒一侧释放，与原料粉末一同下降； 氢气管：在火焰上方喷嘴处与氧气混合燃烧。

通过控制管内流量来控制氢氧比例，$O_2 : H_2 = 1 : 3$。

氢氧燃烧温度为2 500 ℃，Al_2O_3粉末的熔点为2 050 ℃。

冷却套：吹管至喷嘴处有一冷却水套，使氢气和氧气处于正常供气状态，保证火焰以上的氧管不被熔化。

3）生长系统

落下的粉末经过氢氧火焰熔融，并落在旋转平台上的籽晶棒上，逐渐长成一个晶棒（梨晶）。水套下为一耐火砖围砌的保温炉，保持燃烧温度及晶体生长温度，近上部有一个观察孔，可了解晶体生长情况。耐火砖：保证熔滴温度缓慢下降，以便结晶生长。

旋转平台：安置籽晶棒，边旋转、边下降；落下的熔滴与籽晶棒接触称为接晶；接晶后通过控制旋转平台扩大晶种的生长直径，称为扩肩；然后，旋转平台以均匀的速度边旋转边下降，使晶体得以等径生长。

梨晶：长出的晶体形态类似梨形，故称为梨晶。梨晶大小通常为长23 cm，直径2.5~5 cm。

生长速度：1 cm/h，一般6 h即可完成生长。

因为生长速度快，内应力很大，停止生长后，应该轻轻敲击，让它沿纵向裂开成两半以释放内应力，避免以后产生裂隙。

特点：生长速度快、设备简单、产量大、便于商业化。世界上每年用此法合成的宝玉石大于10亿ct。但用此法合成的宝玉石晶体缺陷多、容易识别。

3.1.4 合成品种

1）合成刚玉

①合成红宝石：Al_2O_3粉末加入致色元素 Cr_2O_3 1%~3%。

②合成蓝宝石：加入致色元素 TiO_2 和 FeO，但Ti和Fe的逸散作用，使合成蓝宝石常常有无色核心和蓝色表皮，颜色分布不均匀；粉红色和紫红色：加入致色元素Cr、Ti、Fe。

黄色：加入致色元素Ni和Cr。

变色刚玉：加入V和Cr；显紫红色到蓝紫色的变色效应。

除祖母绿外，任何颜色的刚玉都可以合成。

③星光刚玉：如需要合成星光刚玉，则需要在上述原料中再添加0.1%~0.3%的TiO_2，这样长成的梨晶中，TiO_2呈固熔体分布于刚玉晶格中，并没有以金红石的针状矿物相析出。必须在1 300 ℃恒温24 h，让金红石针沿六方柱柱面方向出溶，才能产生星光效应。

各种合成刚玉品种的致色元素总结如表3.1所示。

表3.1 各种合成刚玉的致色元素

合成刚玉	原料Al_2O_3，另加致色元素如下
合成红宝石	Cr_2O_3，1%~3%
合成蓝宝石	Fe，Ti；0.3%~0.5%
合成黄色蓝宝石	Ni，Cr
合成紫色蓝宝石	Cr，Fe，Ti
合成变色蓝宝石	Cr_2O_3，V_2O_5，3%~4%
合成星光红宝石	TiO_2，0.1%~0.3%；Cr_2O_3，1%~3%
合成星光蓝宝石	$FeO+TiO_2$：0.3%~0.5%；TiO_2：0.1%~0.3%

2）合成尖晶石

市场上所见到的合成尖晶石几乎全是由焰熔法生产，但也可用助熔剂法生产。

原料： 红色：$MgO：Al_2O_3 = 1：1$，致色元素Cr；由此合成的红色尖晶石性脆，所以市场上少见。

蓝色：$MgO：Al_2O_3 = 1：（1.5 \sim 3.5）$，致色元素$Co$

绿色：$MgO：Al_2O_3 = 1：3$

褐色：$MgO：Al_2O_3 = 1：5$

粉红色：$MgO：Al_2O_3 = 1：（1.5 \sim 3.5）$，致色元素$Cu$

有月光效应的无色品种：$MgO：Al_2O_3 = 1：5$，过多的氧化铝未熔形成无数细小针状包体导致月光效应，有时甚至形成星光。

烧结蓝色尖晶石：用Co致色，并加入金粉，用来仿青金岩。

3）金红石

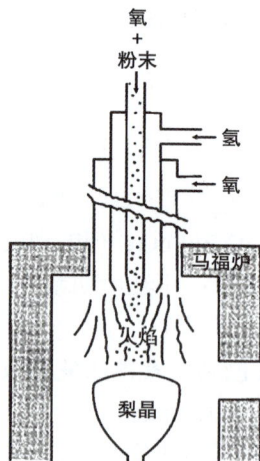

图3.2 合成金红石的装置（马福炉）局部图

天然的金红石常呈细小针状，以大晶体产出的多为褐红色而且多裂，很少有宝石级的材料。合成金红石不是为了替代天然金红石，而是为了模仿钻石。在合成立方氧化锆出现后，合成金红石很少生产了。

因为TiO_2在燃烧时易脱氧，所以需要充足的氧，在合成刚玉的装置上多加了一个氧管（图3.2）。TiO_2的熔点为1 840 ℃，粉末熔化，再在支座的种晶上结晶。

获得的梨晶为蓝黑色，这是因为高温下形成了Ti_3^{3+}和相应的氧空位。通过在高温氧化环境中退火处理，退火温度为800 ~ 1 000 ℃，即可去除蓝黑色，变为淡黄色到近无色的透明晶体。如果在原料中掺入Sc_2O_3，则可直接获得近无色的晶体。这是因为掺入的Sc_2O_3在晶体中形成的氧空位会提高晶体中的氧的扩散系数，使晶体在降温过程中就完成氧的扩散和退色。

合成金红石的宝石学性质：

化学成分：TiO_2。

晶系：四方晶系。

光泽：金刚光泽。

透明度：透明。

颜色：无色者常带浅黄色调，还可有红、橙、黄、蓝色者。

硬度：6～6.5。

相对密度：4.25。

折射率：2.616～2.903。

双折射率：0.287。

光性：一轴晶正光性。

色散：极强，0.28～0.30。

光谱：紫区末端有强吸收带，使其光谱看似被截短了。

内含物：气泡、未熔粉末。

4）钛酸锶

钛酸锶早在1955年就被人们利用焰熔法生产出来了，当时在自然界还没有发现天然的对应物。尽管，1987年在俄罗斯发现了其天然对应物，矿物名为Tausonite，人们仍习惯把它归为人造宝石材料。最初人们生产钛酸锶主要用于模仿钻石。但自从立方氧化锆合成成功后，这种仿钻材料在宝玉石市场上很少见得到了。但它透红外线的能力强，仍有生产用作红外光学透镜等。

与合成金红石一样，其合成装置也必须多加一根氧管，长出的晶体也是乌黑的，需要在氧化条件下退火（温度1 600 ℃），才能变成近无色的透明晶体。

所采用的原料为：$SrO : TiO_2 = 1 : 1$

钛酸锶的宝石学性质如下：

化学成分：$SrTiO_3$；

晶系：等轴晶系；

光泽：亚金刚—金刚光泽；

透明度：透明；

颜色：无色为主，偶见红、黄、蓝、褐色材料；

硬度：5.5～6；

比重：5.13；

断口：贝壳状；

折射率：2.41，单折射；

色散：0.19，极强；

内含物：气泡。

3.1.5 焰熔法合成宝玉石的鉴定

1）原始晶形

晶形都是梨形。而天然宝玉石的晶体形态为一定的几何多面体。市场上也出现过将焰

熔法合成的梨晶破碎，甚至经过滚筒磨成毛料，来仿称天然原料销售。

图3.3 焰熔法生长的各种梨晶

2）包裹体和色带

合成红、蓝宝石中常可见气泡和未熔粉末。气泡一般小而圆，或似蝌蚪状，可单独或成群出现；合成尖晶石中气泡和未熔粉末较少出现，偶尔出现的气泡多为异形。

3）弯曲生长纹

红宝石中常见低反差的弧形生长纹，类似唱片纹；蓝宝石的弯曲生长纹较粗而不连续；黄色蓝宝石很少含有气泡，也难见到生长纹。天然红宝石和蓝宝石都显示直角状或六方色带。合成尖晶石很少显示色带。

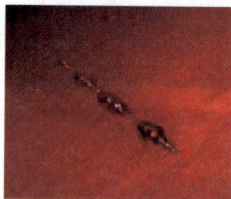

图3.4 气泡　　　　　图3.5 弯曲生长纹

4）吸收光谱

合成蓝宝石的光谱见不到天然蓝宝石通常可以见到的蓝区的吸收，或450 nm的吸收带十分模糊。合成蓝色尖晶石显示典型的钴谱（分别位于540 nm、580 nm、635 nm的三条吸收带），天然蓝色尖晶石显示的是蓝区的吸收带，为铁谱。

5）荧光

合成蓝宝石有时显示蓝白色或绿白色荧光，天然的为惰性；合成蓝色尖晶石为强的红色荧光，而天然的也为惰性。合成红宝石通常明显比天然红宝石的红色荧光强。

6）合成红、蓝宝石的加工质量

天然红、蓝宝石的加工质量通常较为精细，其台面通常垂直光轴，以显示最好的颜色。而合成红、蓝宝石加工质量通常较差，不会精确定向加工。所以合成刚玉在台面通常都可见多色性，而天然的则不然。

7）焰熔法合成星光刚玉

表3.2　合成星光刚玉与天然星光刚玉的区别

项目	合成星光刚玉	天然星光刚玉
内含物	大量气泡和未熔粉末； 金红石针极其微小，难以辨认； 弯曲色带明显	各种晶体包体、气液包体、指纹状包体； 金红石针较粗，易识别； 直角状或六方色带
星带外观特征	星光浮于表面； 星线直、匀、细，连续性好；中心无宝光 	星光发自内部深处； 星线中间粗，两端细，可以不连续；中心有宝光

8）焰熔法合成尖晶石

表3.3　焰熔法合成尖晶石与天然尖晶石的区别

项目	合成尖晶石	天然尖晶石
内含物	包体少，偶有气泡，形态狭长或异形； 色带少见，仅见于红色尖晶石中	气液包体常见晶体包体，尤其是八面体形 色带少见
折射率	1.727	1.714～1.718
相对密度	3.63	3.60
吸收光谱	蓝色者：Co谱，540 nm、580 nm和635 nm处有吸收带； 红色：红区只有一条荧光光谱线 浅黄绿色：445 nm、422 nm线	蓝色者：Fe谱，蓝区458 nm有吸收带； 红色者：红区5条管风琴状荧光光谱线（交叉滤色镜下观察）
紫外荧光和滤色镜	无色者：SW：强蓝白色； 蓝色者：SW：红色或蓝白色，滤色镜下变红 红色：LW/SW：暗红色荧光，滤色镜下变红	无色：惰性 蓝色：惰性，滤色镜下不变红 红色：LW/SW：红色荧光，滤色镜下变红

9）合成金红石的鉴别

　　合成金红石具有极高的色散值使其泛出五颜六色的火彩。这种特征使之不易与其他任何材料相混淆。此外，其极高的双折射率使其刻面棱重影异常清晰。仅此二特征就足以确认它了。

10）合成钛酸锶的鉴别

钛酸锶极强的火彩使它明显不同于钻石。尽管标准圆多面型的钛酸锶在线试验中不透光，但它明显较低的硬度使之表面显示出明显的磨损痕迹、圆滑的刻面棱和不平整的小面。尽管反射仪上可获得与钻石相同的折射率，但热导仪检测时却无钻石反应。卡尺法或静水称重都可测出未镶品的比重，从而确认它。

【实训】

1. 实训目的：能独立区分标本中的天然宝玉石与焰熔法合成宝玉石。
2. 实训内容：
①观察焰熔法合成宝玉石的鉴定特征。
②将标本中的天然宝玉石与焰熔法合成宝玉石区分开。
③在市场（或宝玉石展会）中寻找焰熔法合成刚玉和尖晶石。

【自测题】

1. 简述焰熔法的基本原理。
2. 焰熔法合成刚玉与天然刚玉有哪些不同？
3. 昆明市场有无焰熔法合成的尖晶石？你是如何鉴别的？

任务2　冷坩埚法合成宝玉石的鉴定

【任务背景知识】

3.2.1　冷坩埚法简介

冷坩埚法是生产合成立方氧化锆晶体的方法。该方法是俄罗斯科学院列别捷夫固体物理研究所的科学家们研制出来的，并于1976年申请了专利。由于合成立方氧化锆晶体良好的物理性质，无色的合成立方氧化锆迅速而成功地取代了其他的钻石仿制品，成为了天然钻石良好的代用品。

3.2.2　冷坩埚法生长晶体的原理

冷坩埚法是一种从熔体中生长晶体的技术，仅用于生长合成立方氧化锆晶体。其特点是晶体生长不是在高熔点金属材料的坩埚中进行的，而是直接用原料本身作坩埚，使其内部熔化，外部则装有冷却装置，从而使表层未熔化，形成一层未熔壳，起到坩埚的作用。内部已熔化的晶体材料，依靠坩埚下降脱离加热区，熔体温度逐渐下降并结晶长大。

合成立方氧化锆的熔点最高为2 750 ℃。几乎没有什么材料可以承受如此高的温度而作为氧化锆的坩埚。该方法将紫铜管排列成圆杯状"坩埚"，外层的石英管套装高频线圈，紫铜管用于通冷却水，杯状"坩埚"内堆放氧化锆粉末原料。高频线圈处于固定位置，而冷坩埚连同水冷底座均可以下降。冷坩埚法生长晶体的装置如图3.6所示。

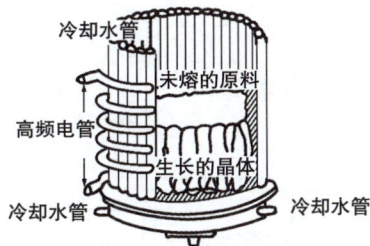

图3.6 冷坩埚的熔壳

冷坩埚技术用高频电磁场进行加热，而这种加热方法只对导电体起作用。冷坩埚法的晶体生长装置采用"引燃"技术，解决一般非金属材料如金属氧化物MgO、CaO等电阻率大，不导电，所以很难用高频电磁场加热熔融的问题。某些常温下不导电的金属氧化物，在高温下却有良好的导电性能，可以用高频电磁场进行加热。氧化锆在常温下不导电，但在1 200 ℃以上时便有良好的导电性能。为了使冷坩埚内的氧化锆粉末熔融，首先要让它产生一个大于1 200 ℃的高温区，将金属的锆片放在"坩埚"内的氧化锆材料中，高频电磁场加热时，金属锆片升温熔融为一个高温小熔池，氧化锆粉末就能在高频电磁场下导电和熔融，并不断扩大熔融区，直至氧化锆粉料除熔壳外全部熔融为止，此技术称为"引燃"技术。

氧化锆在不同的温度下，呈现不同的相态。自高温相向低温相，氧化锆从立方相构型向六方、四方至单斜锆石转变。常温下立方氧化锆不能稳定存在，会转变为单斜结构相。所以在晶体生长的配料中必须加入稳定剂，才能使合成立方氧化锆在常温下稳定。通常选用Y_2O_3作为稳定剂，最少加入量为10%的摩尔数。过少则会有四方相出现，表现为有乳白状混浊；过多则晶体易带色，并且造成不必要的成本上升，还会降低晶体的硬度。

3.2.3 冷坩埚法晶体生长过程

生产立方氧化锆用的主要原料是ZrO_2，稳定剂为Y_2O_3。加入稀土元素氧化物和过渡族元素氧化物，可以生长出有色晶体。将ZrO_2和Y_2O_3按照9∶1 mol比例配料，加入相应杂质元素，混合均匀备用。将混合好的原料装入冷坩埚中，上部放少量金属锆片，接通电源并升压，将原料熔化。1～2 min后，原料开始熔化。先产生小熔池，然后由小熔池逐渐扩大熔区。在此过程中，锆金属与氧反应生成氧化锆。同时，紫铜管中通入冷水冷却，带走热量，使外层粉料未熔，形成"冷坩埚熔壳"。待冷坩埚内原料完全熔融后，将熔体稳定30～60 min。然后坩埚以每小时5～15 mm的速度逐渐下降，"坩埚"底部温度先降低，所以在熔体底部开始自发形成多核结晶中心，晶核互相兼并，向上生长。只有少数几个晶体得以发育成较大的晶块。

晶体生长完毕后，慢慢降温退火一段时间，然后停止加热，冷却到室温后，取出结晶块，用小锤轻轻拍打，一颗颗合成立方氧化锆单晶体便分离出来。

整个生长过程约为20 h。每一炉最多可生长60 kg晶体，未形成单晶体的粉料及壳体可回收再次用于晶体生长。生长出的晶块呈不规则柱状体，无色透明，肉眼见不到包裹体和气泡。

冷坩埚法生长合成立方氧化锆的具体工艺过程如图3.7所示。

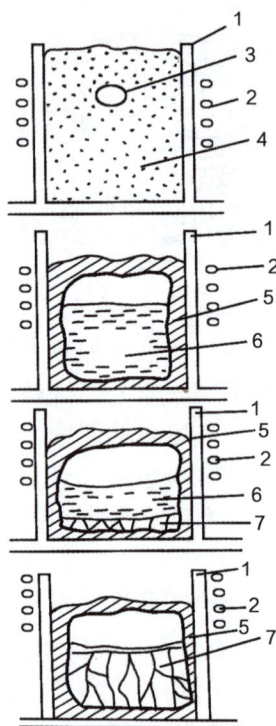

图3.7 合成立方氧化锆的具体工艺过程

（1. 冷坩埚　2. 高频线圈　3. "引燃"造成的小熔区　4. 原料粉末　5. 熔壳　6. 熔体　7. 合成立方氧化锆晶体）

合成立方氧化锆晶体易于着色，对于彩色立方氧化锆晶体的生长，需要在氧化锆和稳定剂的混合料中加入着色剂。将无色合成立方氧化锆晶体放在真空下加热到2 000 ℃进行还原处理，还能得到深黑色的合成立方氧化锆晶体。合成立方氧化锆晶体颜色及着色剂如表3.4所示。

表3.4　合成立方氧化锆晶体颜色及着色剂

掺杂成分	占总重量百分比/%	晶体颜色
Ce_2O_3	0.15	红色
Pr_2O_3	0.1	黄色
Nd_2O_3	2.0	紫色
Ho_2O_3	0.13	淡黄色
Er_2O_3	0.1	粉红色
V_2O_5	0.1	黄绿色
Cr_2O_3	0.3	橄榄绿色
Co_2O_3	0.3	深紫色

续表

掺杂成分	占总重量百分比/%	晶体颜色
CuO	0.15	淡绿色
$Nd_2O_3+Ce_2O_3$	0.09+0.15	玫瑰红色
Nd_2O_3+CuO	1.1+1.1	淡蓝色
Co_2O_3+CuO	0.15+1.0	紫蓝色
$Co_2O_3+V_2O_5$	0.08+0.08	棕色

3.2.4 合成立方氧化锆的鉴别

合成立方氧化锆常被用作钻石的仿制品。因此，合成立方氧化锆晶体的性质及特征，就是合成立方氧化锆的鉴别特征。

1）合成立方氧化锆的生长特征

由于冷坩埚法生长合成立方氧化锆晶体时不使用金属坩埚，而是用晶体原料本身作为坩埚，因此合成立方氧化锆晶体中不含金属固体包体，也没有矿物包体。生长过程中没有晶体的旋转，也没有弧形生长纹。

一般来说，合成立方氧化锆的大多数晶体内部洁净，只有少数晶体可能会因冷却速度过快而产生气体包体或裂纹。还有些靠近熔壳的合成立方氧化锆晶体内有未完全熔化的面包屑状的氧化锆粉末。偶见旋涡状内部特征。

图3.8 合成立方氧化锆中的未熔粉末

2）合成立方氧化锆的物理化学特征

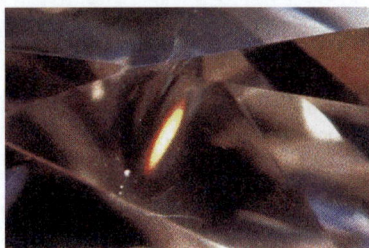

图3.9 合成立方氧化锆中的气泡

晶体结构：立方结构。

硬度：8 ~ 8.5。用维氏显微硬度计测量平均值为1 384 kg/mm。

密度：5.6 ~ 6.0 g/cm^3。

断口：贝壳状断口。

折射率：2.15 ~ 2.18，略低于钻石（2.417）。

色散：0.060 ~ 0.065，略高于钻石（0.044）。

光泽：亚金刚—金刚光泽。

吸收光谱：无色透明者在可见光区有良好的透过率；彩色者可有吸收峰，对紫外光均有强烈的吸收。可显稀土光谱。

荧光：多数晶体在长波紫外线照射下发出黄橙色荧光，在短波下发出黄色荧光。而有些晶体只在短波下有荧光反应，有些甚至不发光。

化学性质：非常稳定，耐酸、耐碱、抗化学腐蚀性良好。

【实训】

1. 实训目的：能独立区分标本中的钻石与合成立方氧化锆。

2. 实训内容：

①观察合成立方氧化锆的鉴定特征。

②将标本中的天然宝玉石与合成立方氧化锆区分开。

③在市场（或宝玉石展会）中寻找合成立方氧化锆。

【自测题】

1. 简述冷坩埚法的基本原理。

2. 冷坩埚法合成立方氧化锆有哪些鉴别特征？

3. 昆明市场有无冷坩埚法合成立方氧化锆？你是如何鉴别的？

任务3　提拉法和导模法合成宝玉石的鉴定

【任务背景知识】

3.3.1　提拉法和导模法简介

提拉法又称丘克拉斯基法，是丘克拉斯基（J.Czochralski）在1917年发明的从熔体中提拉生长高质量单晶的方法。这种方法能够生长无色蓝宝石、红宝石、钇铝榴石、钆镓榴石、变石和尖晶石等重要的宝玉石晶体。20世纪60年代，提拉法进一步发展为一种更为先进的定型晶体生长方法——熔体导模法。它是控制晶体形状的提拉法，即直接从熔体中拉制出具有各种截面形状晶体的生长技术。它不仅免除了工业生产中对人造晶体所带来的繁重的机械加工,还有效地节约了原料,降低了生产成本。

熔体导模法有两种不同类型,一种是20世纪60年代由苏联的斯切帕诺夫完成的,称斯切帕诺夫法。它是将有狭缝的导模具放在熔体中,熔体通过毛细管现象由狭缝上升到模具的顶端,在此熔体下端加入晶种,按导模狭缝规定的形状连续地拉制晶体,其形状完全由毛细管狭缝决定。由于熔体是通过毛细作用上升的,会受到毛细管大小及熔体密度和重量的限制,所以此法具有局限性。此法的优点是不要求所用模具材料能被熔体润湿。

另一种方法称"边缘限定薄膜供料生长"技术,简称EFG法,是20世纪70年代初,由美国TYCO实验室的拉培尔(Labell H.E.)博士研究成功的。EFG法首要的条件是要求模具材料必须能为熔体所润湿,并且彼此间又不发生化学作用。在润湿角 θ 满足 $0<\theta<90°$ 的条件下,使得熔体在毛细管作用下能上升到模具的顶部,并能在顶部的模具截面上扩展到模具的边缘而形成一个薄膜熔体层,晶体的截面形状和尺寸则为模具顶部边缘的形状和尺寸所决定,而不是由毛细管狭缝决定。因此,EFG法能生长出各种片、棒、管、丝及其他特殊形状的晶体,具有直接从熔体中控制生长定型晶体的能力。所以,此法生产的产品可免除对宝玉石晶体加工所带来的繁重切割、成型等机械加工程序,同时大大减少了物料的加工损耗,节省了加工时间,从而降低了产品的成本。该方法应用广泛。

3.3.2　提拉法和导模法的基本原理

1)提拉法的基本原理

提拉法是将构成晶体的原料放在坩埚中加热熔化,在熔体表面接籽晶提拉熔体,在受控条件下,使籽晶和熔体的交界面上不断进行原子或分子的重新排列,随降温逐渐凝固而生长出单晶体。

2)导模法的基本原理

熔体导模法全名为边缘限定薄膜供料提拉生长技术。它是熔体提拉法的一个变种,特别适用于片状、管状和异型截面的晶体生长,这种方法可以生长合成蓝宝石、合成红宝石、合成变石以及钇铝榴石。导模法生长晶体的工作原理是,将原料放入坩埚中加热熔化,熔体沿一模具在毛细作用下上升至模具顶端,在模具顶部液面上接籽晶提拉熔体,使籽晶和熔体的交界面上不断进行原子或分子的重新排列,随降温逐渐凝固而生长出与模具边缘形状相同的单晶体。

3.3.3　提拉法和导模法的生长工艺

1)提拉法的生长工艺

首先将待生长的晶体的原料放在耐高温的坩埚中加热熔化,调整炉内温度场,使熔体上部处于过冷状态;然后在籽晶杆上安放一粒籽晶,让籽晶接触熔体表面,待籽晶表面稍熔后,提拉并转动籽晶杆,使熔体处于过冷状态而结晶于籽晶上,在不断提拉和旋转过程中,生长出圆柱状晶体。

（1）晶体提拉法的装置

晶体提拉法的装置由5部分组成。

①加热系统。加热系统由加热、保温、控温三部分构成。最常用的加热装置分为电阻加热和高频线圈加热两大类。采用电阻加热，方法简单，容易控制。保温装置通常采用金属材料以及耐高温材料等做成的热屏蔽罩和保温隔热层，如用电阻炉生长钇铝榴石、刚玉时就采用该保温装置。控温装置主要由传感器、控制器等精密仪器进行操作和控制。

②坩埚和籽晶夹。做坩埚的材料要求化学性质稳定、纯度高，高温下机械强度高，熔点要高于原料的熔点200 ℃左右。常用的坩埚材料为铂、铱、钼、石墨、二氧化硅或其他高熔点氧化物。其中铂、铱和钼主要用于生长氧化物类晶体。籽晶用籽晶夹来装夹。籽晶要求选用无位错或位错密度低的相应宝玉石单晶。

③传动系统。为了获得稳定的旋转和升降，传动系统由籽晶杆、坩埚轴和升降系统组成。

④气氛控制系统。不同晶体常需要在各种不同的气氛里进行生长。如钇铝榴石和刚玉晶体需要在氩气气氛中进行生长。该系统由真空装置和充气装置组成。

⑤后加热器。后热器可用高熔点氧化物如氧化铝、陶瓷或多层金属反射器如钼片、铂片等制成。通常放在坩埚的上部，生长的晶体逐渐进入后热器，生长完毕后就在后热器中冷却至室温。后热器的主要作用是调节晶体和熔体之间的温度梯度，控制晶体的直径，避免组分过冷现象引起晶体破裂。

（2）晶体提拉法生长要点

①温度控制。在晶体提拉法生长过程中，熔体的温度控制是关键。要求熔体中温度的分布在固液界面处保持熔点温度，保证籽晶周围的熔体有一定的过冷度，熔体的其余部分保持过热。这样，才可保证熔体中不产生其他晶核，在界面上原子或分子按籽晶的结构排列成单晶。为了保持一定的过冷度，生长界面必须不断地向远离凝固点等温面的低温方向移动，晶体才能不断长大。另外，熔体的温度通常远远高于室温，为使熔体保持其适当的温度，还必须由加热器不断供应热量。

②提拉速率。提拉的速率决定晶体生长速度和质量。适当的转速，可对熔体产生良好的搅拌，达到减少径向温度梯度，阻止组分过冷的目的。一般提拉速率为每小时6～15 mm。

在晶体提拉法生长过程中，常采用"缩颈"技术以减少晶体的位错，即在保证籽晶和熔体充分沾润后，旋转并提拉籽晶，这时界面上原子或分子开始按籽晶的结构排列，然后暂停提拉，当籽晶直径扩大至一定宽度（扩肩）后，再旋转提拉出等径生长的棒状晶体。这种扩肩前的旋转提拉使籽晶直径缩小，故称为"缩颈"技术。

（3）提拉法的优缺点

晶体提拉法与其他晶体生长方法相比有以下优点：

①在晶体生长过程中可以直接进行测试与观察，有利于控制生长条件。

②使用优质定向籽晶和"缩颈"技术，可减少晶体缺陷，获得所需取向的晶体。

③晶体生长速度较快。

④晶体位错密度低，光学均一性高。

（4）晶体提拉法的不足之处

①坩埚材料对晶体可能产生污染。

②熔体的液流作用、传动装置的振动和温度的波动都会对晶体的质量产生影响。

2）导模法的生长工艺

首先，将原料在坩埚中加热熔化，把能被熔体所润湿的材料制成带有毛细管或狭缝的模具放置在熔体中，熔体沿着毛细管涌升到模具顶端，并扩展布满端面形成熔体薄层。在这层熔体中引籽晶，待籽晶浸渍表面回熔后，逐渐提拉上引。晶体的形状由模具顶部截面形状所决定，晶体按该尺寸和形状连续地生长。

（1）熔体导模法的装置

导模法晶体生长装置与提拉法基本相同，只是在坩埚底部垂直安装了一个钼制的毛细管膜具。籽晶通过毛细管口与熔体相接触，然后按膜具顶端截面形状被提拉出各种形状的晶体。模具的选择依据籽晶材料而定，以材料熔点高于晶体的熔点、材料能被熔体润湿和不与熔体发生化学反应为原则。可根据需要设计成杆状、片状、管状或多管状等。

（2）熔体导模法生长要点

①温度控制。欲生长出结构完整的晶体，必须有一个合适的温场。炉温太高，籽晶会熔掉，晶体会收缩，严重时会造成缺口；炉温过低，晶体会在导模顶部凝固，晶体会呈枝蔓状生长和小晶粒团聚状生长。

②生长速度。生长速度是影响晶体质量的原因之一。若生长速度过高，生长界面会成蜂窝状，晶体中会有大量气孔或空洞，位错密度也将增高。

（3）导模法生长晶体实例

合成变石猫眼可用导模法生长的。合成变石猫眼的生长需要在原料中掺入铬和钒，使晶体具有变色的特征。铬含量过高会使宝玉石绿色减弱，甚至略带红色；含量过低又会使宝玉石无色彩变化。钒的作用是增强变色的敏感性和调整宝玉石的颜色。合理调整铬和钒的用量可仿制不同产地的天然变石猫眼。猫眼效应由宝玉石内部有无数极细小的纤维状结构有规律地平行排列产生。

合成变石猫眼的具体生长方法如下：

原料：按化学配比称取高纯度的Al_2O_3、BeO原料和致色元素Cr_2O_3、V_2O_5，将粉料压成块状；在1 300 ℃下灼烧10 h，得到多晶质金绿宝石块料。

加热：将制成的原料装入钼坩埚中，使用射频加热到1 900 ℃以上至熔化。生长（即提拉）速度：每小时为15～20 mm。

在坩埚内垂直地安放钼制的毛细管模具。熔体在毛细管作用下涌升到模具顶端，并扩展布满端面形成熔体薄层。将坩埚上方的变石籽晶接触模具顶端熔体膜，待籽晶浸渍表面回熔后，逐渐提拉上引。晶体生长是在氩气体中进行的，保持生长所需的惰性气体和压强环境。

晶体生长停止后，在4 h内将炉温降至500 ℃，然后缓慢冷却至室温，即得到了模具顶部截面形状的变石猫眼宝玉石晶体。

3.3.4 晶体提拉法生长的宝玉石品种

1）合成红宝石晶体

原料：Al_2O_3和1% ~ 3%的Cr_2O_3。

加热：高频线圈加热到2 050 ℃以上。

屏蔽装置：抽真空后充入惰性气体，使生长环境中保持所需要的气体和压强。

将原料装入铱、钨或钼坩埚中。坩埚上方提拉杆下端的籽晶夹具上装一粒定向的红宝石籽晶。将坩埚加热，使原料熔化。再降低提拉杆，使籽晶插入熔体表层。控制熔体的温度，使之略高于熔点。熔去少量籽晶以保证能在籽晶的清洁表面上开始生长。在实现籽晶与熔体充分沾润后，缓慢向上提拉和转动晶杆。控制好拉速和转速，同时缓慢地降低加热功率，籽晶直径就逐渐扩大。小心地调节加热功率，实现宝玉石晶体的缩颈—扩肩—等径—收尾的生长全过程。通过屏蔽装置的窗口可以观察生长过程，还可利用红外传感器测量固—液界面的亮光环温度，实现控制生长过程。

2）合成变石晶体

原料：Al_2O_3和BeO的粉末按1∶1混合，加入致色剂Cr_2O_3和V_2O_5。

加热：高频线圈加热到1 870 ℃以上，使原料熔化。保温1 h均化熔体，然后降温30 ~ 50 ℃，接籽晶。

屏蔽装置：抽真空后充入惰性气体，使生长环境中保持所需要的气体和压强。 通过观察测试，控制和调节晶体生长。

3）人造钇铝榴石

原料：Y_2O_3∶Al_2O_3 = 3∶5。

提拉炉：中频线圈加热。

坩埚：铱。

气氛：N_2+Ar。

熔点：1 950 ℃。

生长速度：每小时6 mm以下。

3.3.5 提拉法合成宝玉石的鉴别

1）提拉法合成宝玉石的基本特征

①提拉法生长的宝玉石晶体，由于提拉和旋转作用，会产生弯曲的弧形生长纹。导模法生长晶体时晶体不旋转，因而没有弯曲生长纹。

②提拉法和导模法合成的晶体，都会含有气体包体，且气泡分布不均匀。提拉法常可见拉长或哑铃状气泡。

③提拉法合成的宝玉石是在耐高温的铱、钨或钼金属坩埚中熔化原料的，导模法生长的宝玉石在导模金属上生长的，所以都可能含有金属包体。

④提拉法生长的宝玉石晶体原料在高温下加热熔化，偶尔可见未熔化的原料粉末。而导模法通常不存在未熔化的粉末包体。

⑤提拉法生长的宝玉石晶体，由于采用籽晶生长，生长成的晶体会带有籽晶的痕迹，并且可能产生明显的界面位错。导模法也会产生籽晶的缺陷。

⑥在晶体的生长过程中，由于固液界面产生的振动或温度的波动，可使晶体的溶质浓度分布不均，因而形成晶体不均匀的生长条纹。

⑦由于原料不纯或配比不当，可对熔体造成污染，形成晶体的杂质包体。

2）合成红宝石的鉴别

①合成红宝石可见极细的弯曲生长纹和拉长的气泡，有时还可见云朵状的气泡群。

②宝玉石中偶尔可见未熔化的原料粉末。

③在暗域照明和斜向照明下，偶尔可见一些细微的白色云状包体。

④显微镜下有时可见晶体不均匀的生长条纹。

⑤宝玉石晶体可能带有籽晶的痕迹。

⑥用电子探针和X射线荧光分析法，可检测宝玉石晶体中的铱或钼金属包体。

3）合成金绿宝石的鉴别

①合成金绿宝石可见弯曲的生长纹和拉长的气泡。

②宝玉石中偶尔可见未熔化的原料粉末。

③在暗域照明和斜向照明下，偶尔可见板条状的杂质包体和针状包体。

④合成金绿宝石的折射率（1.740～1.745）稍微偏低。

⑤用电子探针和X射线荧光分析法，可检测宝玉石晶体中的铱或钼金属包体。

4）人造钇铝榴石的鉴别

钇铝榴石是人造宝玉石，可根据其物理性质和光学性质将其与相似宝玉石区分开：

成分：$Y_3Al_5O_{12}$。

晶系：等轴晶系。

密度：4.58 g/cm³。

摩氏硬度：8～8.5。

折射率：1.83。

色散：0.028。

内含物：弯曲生长纹和拉长气泡。

致色元素：紫-Nd；　蓝-Co^3；　绿-Ti^3（+Fe）；　红-Mn^3。

其他：某些绿色、蓝色钇铝榴石在强光照射下显强红色，即显示红光效应。

【实训】

1. 实训目的：区分标本中的天然宝玉石与提拉法合成宝玉石，并撰写实验报告。
2. 实训内容：

①观察提拉法合成宝玉石的鉴定特征。

②将标本中的天然宝玉石与提拉法合成宝玉石区分开。

③在市场（或宝玉石展会）中寻找提拉法合成的宝玉石。

【自测题】

1. 简述提拉法的基本原理。
2. 提拉法合成金绿宝石有哪些鉴别特征？
3. 昆明市场有提拉法合成的宝玉石吗？有哪些？你是如何鉴别的？

任务4 　助熔剂法合成宝玉石的鉴定

【任务背景知识】

　　助熔剂法又称熔剂法，它是在高温下从熔融盐熔剂中生长晶体的一种方法。用助熔剂生长的晶体类型很多，如助熔剂法红宝石和祖母绿。

3.4.1 　助熔剂法的基本原理

　　助熔剂法是将组成宝玉石的原料在高温下熔解于低熔点的助熔剂中，使之形成饱和溶液，然后通过缓慢降温或在恒定温度下蒸发熔剂等方法，使熔融液处于过饱和状态，从而使宝玉石晶体析出生长的方法。

　　助熔剂的选择是助熔剂法生长宝玉石晶体的关键，它不仅能帮助降低原料的熔点，还直接影响到晶体的结晶习性、质量与生长工艺。

　　常采用的助熔剂：硼、钡、铋、铅、钼、钨、锂、钾、钠的氧化物或氟化物。

3.4.2 　助熔剂法合成过程

　　原料：合成祖母绿所使用的原料是纯净的绿柱石粉或形成祖母绿单晶所需的纯氧化物，成分为BeO、SiO_2、Al_2O_3及微量的Cr_2O_3。

　　助熔剂：目前多采用锂钼酸盐和五氧化二钒混合助熔剂。

　　设备为高温铂坩埚。

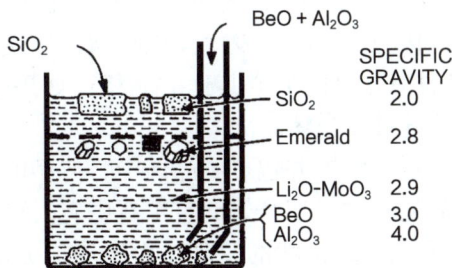

图3.10 助熔剂法合成祖母绿的装置图

首先在铂坩埚中放入晶体原料和助熔剂，并将坩埚放入高温电阻炉中加热，待原料和助熔剂开始熔化后，使所有原料完全熔化。然后缓慢降温，形成过饱和溶液。当溶液浓度达到过饱和时，便有祖母绿形成于铂栅下面悬浮的祖母绿晶种上。

生长速度大约为每月0.33 mm。在12个月内可长出2 cm的晶体。

助熔剂法合成红宝石，原料：Al_2O_3和少量的Cr_2O_3；助熔剂：$PbO-B_2O_3$或PbF_2-PbO。

3.4.3 助溶剂法的优点及缺点

1）助熔剂法的优点

①适用性很强，几乎对所有的材料，都能够找到一些适当的助熔剂，从中将其单晶生长出来。

②生长温度低，许多难熔的化合物可长出完整的单晶，并且可以避免高熔点化合物所需的高温加热设备、耐高温的坩埚和高的能源消耗等问题。

③对于有挥发性组分并在熔点附近会发生分解的晶体，无法直接从其熔融体中生长出完整的单晶体。

④助熔剂法生长晶体的质量比其他方法生长出的晶体质量好。

⑤助熔剂法生长晶体的设备简单，是一种很方便的晶体生长技术。

2）助熔剂法的缺点

①生长速度慢，生长周期长。

②晶体尺寸较小。

③坩埚和助熔剂对合成晶体有污染。

④许多助熔剂具有不同程度的毒性，其挥发物常腐蚀或污染炉体和环境。

3.4.4 助熔剂法生长宝玉石的鉴别

助熔剂法生长宝玉石晶体的特征与天然宝玉石非常相似，特别是宝玉石晶体生长过程中或多或少存在着包裹体、生长条纹、位错和替代性杂质等缺陷，有效地模仿了天然宝玉石中各种宝玉石的内含物，晶体的包裹体对晶体的质量也有很大的影响。晶体的主要特征如下：

①助熔剂残余包体：助熔剂包体的形成与晶体的非稳定生长有关，助熔剂被生长中的晶体包裹，当助熔剂由液相转化为固相时，发生体积收缩，形成气—固两相包体。

②结晶物质包体：助熔剂中有可能形成其他的晶相，如果被包裹在晶体内部就形成晶体包裹体，如祖母绿晶体内的硅铍石包体。

③坩埚金属材料包体：坩埚被溶蚀并包裹到晶体中，典型的是六方片状的铂金晶片。

④种晶：助熔剂法加种晶生长时，切磨好的宝玉石中有时可见种晶片残余。

⑤生长条纹：大致平行不规则透镜状的纹理（由组成成分的相对浓度或杂质浓度的周期性变化引起的）。

⑥杂质成分：助熔剂法生长的晶体往往含有助熔剂的金属阳离子，如合成祖母绿晶体中含有Mo和V，合成红宝石含有Pb、B等。

【实训】

1. 实训目的：区分标本中的助熔剂法合成宝玉石与天然宝玉石。
2. 实训内容：
①观察助溶剂法合成宝玉石的鉴定特征。
②将标本中的天然宝玉石与助溶剂法合成宝玉石区分开。
③在市场（或宝玉石展会）中寻找助溶剂法合成的宝玉石。

【自测题】

1. 简述助熔剂法的基本原理。
2. 昆明市场有助熔剂法合成的宝玉石吗？有哪些？你是如何鉴别的？

任务5　水热法合成宝玉石的鉴定

早在1882年人们就开始了水热法合成晶体的研究，最早获得成功的是合成水晶。20世纪上叶，由于军工产品的需要，水热法合成水晶投入了大批量的生产。1988年我国有色金属工业总公司广西桂林宝石研究所曾骥良等用水热法合成出质量较好的宝石级祖母绿。

3.5.1　基本原理

水热法是利用高温高压的水溶液使那些在大气条件下不溶或难溶的物质溶解，或反应生成该物质的溶解产物，通过控制高压釜内溶液的温差使产生对流以形成过饱和状态而析出生长晶体的方法。

3.5.2　合成装置

水热法合成宝玉石采用的主要装置为高压釜，在高压釜内悬挂种晶，并充填矿化剂。

由于内部要装酸、碱性的强腐蚀性溶液，当温度和压力较高时，在高压釜内要装有耐腐蚀的贵金属内衬，如铂金或黄金内衬，以防矿化剂与釜体材料发生反应。

其中碱金属的卤化物及氢氧化物是最为有效且广泛应用的矿化剂。矿化剂的化学性质和浓度影响物质在其中的溶解度与生长速率。

水热法合成出质量较好的宝石级祖母绿和合成水晶，目前，合成祖母绿的国家主要有澳大利亚、美国、中国。

原料：氧化铬、氧化铝和氧化铍粉末的烧结块，水晶碎块作为二氧化硅的来源。

石英
惰性金属衬垫用于防止与壁上的铁起反应
钢质高压釜
籽晶
$Al_2O_3 + BeO + Cr_2O_3$ 培养基

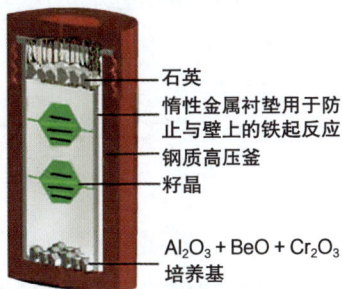

图3.11　水热法合成祖母绿装置

水热法合成祖母绿的基本过程是：石英碎块用铂金网桶挂于高压釜顶部，氧化铬、氧化铝和氧化铍烧结块放在高压釜底部，高压釜内充填矿化剂。电炉在高压釜的底部加热，溶解的原料在溶液中对流扩散，相遇并发生反应，形成祖母绿溶液。当祖母绿溶液达到过饱和时，便在种晶上析出结晶成祖母绿晶体。

水热法的特点：

①合成的晶体具有晶面，热应力较小，内部缺陷少。其包裹体与天然宝玉石十分相近。

②密闭的容器中进行，无法观察生长过程，不直观。

③设备要求高（耐高温高压的钢材，耐腐蚀的内衬）、技术难度大（温压控制严格）、成本高。

④安全性能差。

3.5.3　主要鉴定特征

①特征性包裹体有来自坩埚的贵金属的包体，如铂金片或枝。

②钉状包裹体和硅铍石晶体包体。

③合成水晶中常见面包渣状包裹体：面包渣状包裹体实际是锥辉石的细小雏晶。

④合成祖母绿常显示锯齿状纹理、波状纹理等。

⑤表面增生裂纹。

【实训】

1. 实训目的：区分标本中的天然宝玉石与水热法合成宝玉石。

2. 实训内容：

①观察水热法合成宝玉石的鉴定特征。

②将标本中的天然宝玉石与水热法合成宝玉石区分开。

③在市场（或宝玉石展会）中寻找水热法合成的宝玉石。

【自测题】

1. 简述水热法的基本原理。
2. 水热法合成祖母绿有哪些鉴别特征？
3. 昆明市场有水热法合成的宝玉石吗？有哪些？你是如何鉴别的？

任务6　高温超高压法合成钻石的鉴定

【任务背景知识】

　　早在18世纪人们就开始了合成钻石的探索，但直到20世纪，由于热力学及高温高压技术的发展，才使钻石的合成得以实现。1953年瑞士工程公司（ASEA）使用压力球装置首次成功地合成出了40粒小颗的钻石。美国通用电气公司（GE）也于1955年采用压带装置合成出了小颗粒的钻石。此后，工业级钻石的合成技术得到广泛应用，目前几乎三分之二的工业用钻已由合成钻石替代了。但直到1970年宝石级大颗粒的钻石才由美国通用电气公司合成成功。经过近30年的努力，已能获得十几克拉大的晶体，但宝石级钻石合成的成本仍然很高，虽有初步的商业化，仍不能进行大批量的生产。20世纪90年代，合成钻石有了突破性进展，许多公司可以合成宝石级钻石。

　　合成钻石的方法主要有静压法、动压法和气相外延生长法。大颗粒宝石级钻石主要是用高温超高压（HTHP）静压法中的晶种触媒法及化学气相沉淀法（CVD）合成的。

3.6.1　HTHP法合成钻石的原理

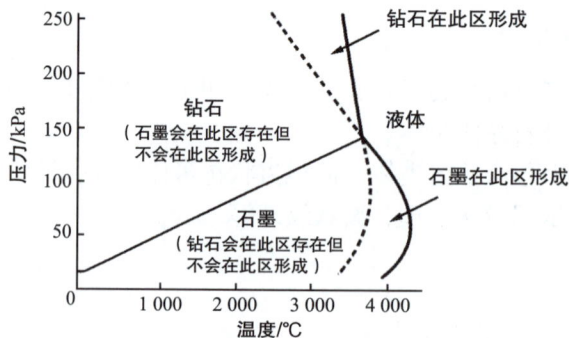

图3.12　钻石—石墨的相平衡图

　　钻石和石墨是碳的两种同质多相的变体。根据钻石—石墨的相平衡图可知，在常温常压下石墨是碳的稳定结晶形式，而钻石是一种亚稳定状态。钻石只有在高温高压下才是最稳定的，天然钻石形成并保存于上地幔高温高压的条件下充分证明了这一点。

但要在常温常压下破坏钻石中的C—C键需要很高的能量，因此，钻石不会自动转变为石墨。而在高温高压（图3.12钻石稳定区的条件）下，石墨中的碳原子会重新按钻石的结构排列，从而形成钻石。

高温高压下，将石墨转换成钻石的条件：

无催化剂，加热到2 700 ℃，压力1.25×10^{10} Pa。

有催化剂，加热到1 200 ℃，压力$4.0 \times 10^{9} \sim 1.0 \times 10^{10}$ Pa。

3.6.2 HTHP法合成宝石级钻石的合成工艺

1）原料

碳源：钻石粉或石墨粉。

籽晶：钻石碎片（天然或合成）。

触媒：铁镍合金。

金属触媒的主要作用是：

①作为催化剂，降低石墨向钻石转化的温度和压力条件，提高转化率。

②作为溶剂，钻石在HTHP下，先溶解在金属触媒中，达到饱和后，然后围绕籽晶生长。

2）装置

压机：产生压力的系统。

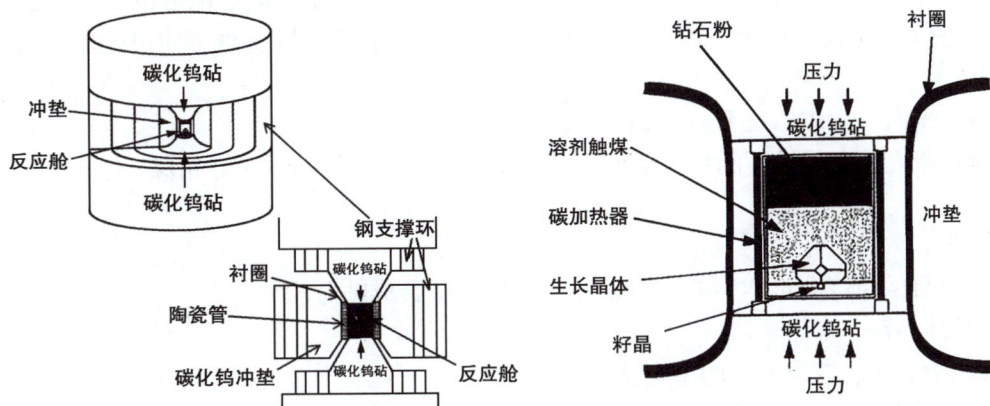

图3.13 HTHP法合成钻石的装置

3）过程

①将钻石粉、籽晶、溶剂按要求放在生长舱内。

②将生长舱放在压机中。

③加压6×10^{9} Pa，通过碳加热器加温1 300 ~ 1 800 ℃，使生长舱顶部的温度高于底部的温度。

④在上述条件下，由于生长舱上部的温度较高，钻石粉熔解，并通过溶剂向温度较低的底部迁移，当溶剂中的碳达到饱和时，围绕籽晶生长，形成钻石晶体。

⑤生长1 ct钻石晶体需要60 h左右，每次生长1～2粒。

4）结果

①直接产物：

Ib型：合成过程中无法排除空气中的N，故产生含孤氮的Ib型黄—褐黄色钻石。

IIb型：在生长舱内加B，可产生蓝色的IIb型钻石。

IIa型：加N吸收剂，如锆或铝，氮与这些元素键合比与碳键合更容易，如可阻止N与晶体中的C结合，产生无色的IIa型钻石。

②间接的结果：

将黄褐色的Ib型钻石通过辐照＋热处理，可产生粉红色和红色的钻石。

将黄褐色的Ib型钻石通过HTHP＋热处理，使N聚合，可产生Ia型的钻石。

3.6.3 HTHP法合成钻石的鉴定特征

①结晶习性：合成钻石常常为立方体、八面体及二者的聚形，而天然钻石最常见的形态是八面体、菱形十二面体或二者的聚形或三角薄片双晶。

②晶面纹理：合成钻石可显示树枝状、漏沙状或交切状纹理，接种面上粗糙不平。天然钻石常见三角凹痕。

③种晶：存在种晶和种晶幻影区。

④钻石类型：合成钻石为Ib型或者II型，Ib型经高温处理后可成为Ib和IaAB的混合型。

⑤包裹体：针状、片状、针点状的金属包裹体，大量的金属包裹体使得合成钻石具有明显的有磁性。

⑥吸收光谱：合成钻石无415 nm吸收线。

⑦紫外荧光：合成钻石的长波紫外荧光弱于短波，而天然钻石正好相反。

【实训】

1. 实训目的：区分标本中的天然钻石与HTHP法合成钻石。

2. 实训内容：

①观察HTHP法合成钻石的鉴定特征。

②将标本中的天然钻石与合成钻石区分开。

③在市场（或宝玉石展会）中寻找HTHP法合成的钻石。

【自测题】

1. 简述HTHP法的基本原理。

2. HTHP法合成钻石有哪些鉴别特征？

3. 昆明市场有HTHP法合成钻石吗？你是如何鉴别的？

任务7 化学气相沉淀法合成宝玉石的鉴定

【任务背景知识】

3.7.1 化学气相沉淀法合成钻石

1）化学气相沉淀法合成钻石的基本原理

化学气相沉淀法（简称CVD法）合成单晶钻石的原理是用微波加热、放电等方法激活碳基气体（如甲烷），使之离解出碳原子和氢原子（或甲基CH_3和氢原子），游离的碳原子形成钻石。

2）化学气相沉淀法合成钻石的基本条件

合成条件：温度800～1 000 ℃，约0.1个大气压的CH_4+H_2混合气体，过高的H_2分压易形成石墨，衬底用钻石晶体，起种晶的作用，生长速度0.01～1 mm/h。

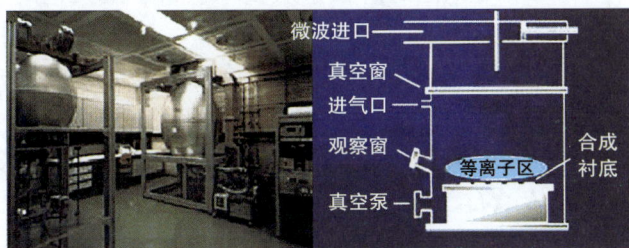

图3.14 化学气相沉淀法合成钻石的装置

3）化学气相沉淀法合成钻石的鉴定特征

①结晶习性：CVD合成钻石呈板状。

②颜色：大多颜色为暗褐色和浅褐色，也有近无色和蓝色的产品，但非常少，并常常经辐照改色成蓝色、橙色、粉色、褐色、金黄色。

③包裹体特征（放大观察）：不规则深色包体和点状包体。可有平行的生长色带。籽晶、籽晶幻影区、各种形态的金属包裹体（针状、片状、针点状等尤其围绕种晶周围）。金属包体很难避免。

④晶体表面及内部纹理：合成钻石可显示树枝状、漏沙状或交切状纹理，接种面上粗糙不平。天然钻石表面有时可见三角凹痕，内部可显示与结构有关的纹理。

⑤偏光：正交偏光下有强烈的异常消光，不同方向上的消光也有所不同。

⑥紫外荧光特征：通常有弱橘黄色荧光。

3.7.2　化学气相沉淀法合成碳硅石

1）合成碳硅石的历史

①1893年爱德华·阿杰森（EdwardG. Acheson）在两个碳电极间接一个电弧灯，使碳和熔融的黏土（一种铝硅酸盐）混合物在高温下相互作用，以试图生长钻石，结果偶然制得了SiC。

②1904年诺贝尔奖获得者化学家亨利·莫桑（Henri Mois-san）在坎亚黛布鲁陨石中发现了天然SiC。为表示对莫桑的敬意，1905年旷兹（Kunz）将此天然矿物命名为"莫桑石（moissanite）"。

③1955年，莱利采用升华法生长出了碳硅石晶体，奠定了合成碳硅石发展的基础。

④1980年初，俄罗斯的戴依洛夫等人对莱利法进行了改进，采用籽晶升华技术生长出碳硅石大晶体，且有效地避免了自发成核的产生，宣告有控制地生长合成碳硅石技术获得了成功。

⑤1987年，戴维斯（Davis）等人对莱利法进一步进行改进并于1990年申请了专利。

⑥1998年，卡特（Carter）等人通过补偿杂质技术获得了近无色的合成碳硅石晶体并申请了专利，使合成碳硅石单晶技术得到了进一步的提高。

⑦1995年创立的美国诗思有限公司（前身即C3公司）采用高科技成果在高温常压下解决了合成碳硅石颜色、透明度问题，合成了大颗粒宝石级碳硅石晶体。

⑧自合成碳硅石进入中国市场以来，在各大金店、宝玉石市场和新闻传媒上出现过的名称有碳硅石、莫桑石、莫依桑石、合成莫桑石、摩星石、美神钻等。

2）合成碳化硅的技术

（1）SiC 的结构

SiC可呈现出不同的原子层六方堆积形式，据统计它有150多个构型。目前，只有六方相的SiC能长成大块晶体，并且生产出来的材料可近于无色。

（2）阿杰森法合成碳硅石

首先将以石油焦炭或无烟煤形式存在的碳与沙子以及少量的锯末和盐相混合，然后在所得的混合物中心放置一根石墨棒，将混合物包裹好。将该石墨棒通电，使石墨棒内部受热至最高温度2 700 ℃，此时将发生下列简单的化学反应：

$$SiO_2+3C \Longrightarrow SiC+2CO$$

由此方法获得的是合成碳硅石的晶簇。晶簇的单晶尺寸偶尔可达到数毫米厚、10 mm宽，其颜色范围从黑色到绿色再到棕黄色，有时带晕彩状外壳。

（3）莱利法生长合成碳硅石单晶

单晶SiC的生长技术已被研究了数十年，但只有莱利的"晶种升华"方法能够有效地控制生长出大的合成碳硅石单晶。该工艺中用于生长合成碳硅石单晶的原料粉末经过多孔的石墨管后加热升华成气态，不经过液态，直接在晶种上结晶，生长出梨晶状的SiC单晶体。整个过程既有物态的变化，也有物质结构化学构型的变化。

（4）戴维斯法生长合成碳硅石单晶

1990年，戴维斯对莱利法进行了改进，并获得专利。该方法的设备简图如图3.15所示。工艺中用于生长合成碳硅石单晶的原料粉末经过多孔的石墨管后加热升华成气态，直接在籽晶上结晶，生长出梨晶状的SiC晶体。

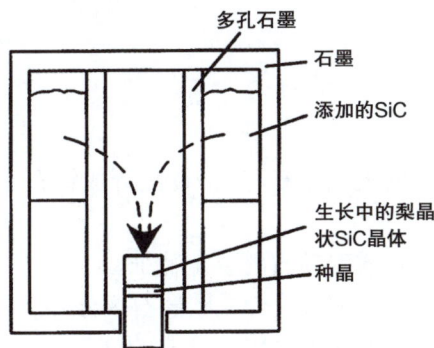

图3.15 戴维斯法生长合成碳硅石的装置

3）合成碳硅石的鉴定特征

（1）颜色

合成碳硅石晶体近于无色到浅黄色、浅灰、浅绿、浅褐、绿色和灰色，与美国宝玉石学院（GIA）钻石颜色分级尺度的 I 到 V 级相当。

（2）晶系和光性

合成碳硅石晶体属于六方晶系，一轴晶正光性，合成碳硅石呈现非均质体的性质：旋转360°时，呈现四明四暗的特征。

（3）折射率与色散度

合成碳硅石的折射率很高，为2.65～2.69；具强双折射，其双折率为0.043，因而从其风筝面和上腰小面向下观察，可看到底尖部位明显的重影，但要注意，沿台面垂直光轴方向琢磨的刻面合成碳硅石，从台面则观察不到重影。合成碳硅石的色散度非常大，为0.104，大于钻石的色散度（0.044）。

（4）密度和硬度

用静水力学法测得合成碳硅石的密度为3.20～3.22 g/cm³，钻石的密度为3.52 g/cm³。合成碳硅石的硬度为9.25。

（5）包裹体特征

放大检查，可发现合成碳硅石的内部含有细长的管状物、不规则空洞、小的SiC晶体、负晶及深色具金属光泽的球状物，可三粒或多粒呈线状排列，也有一些呈云雾状的、分散的针点状包裹体，并发现有气泡。

（6）可见光吸收光谱

近于无色的合成碳硅石在425 nm以下有一弱吸收，这与开普系列钻石在415 nm有吸收不同，但容易与分光镜光谱蓝区通常的深色截止边425 nm相混淆。

（7）发光性

多数合成碳硅石在长、短紫外光照射下，呈现惰性；但少数在长波下呈中至弱的橙色荧光，极少数在短波下呈弱橙色荧光，且均无磷光。极少数合成碳硅石在X射线下呈中至弱黄色荧光。

（8）导热性

导热性很好，与钻石相近。

【实训】

1. 实训目的：区分标本中的天然钻石与CVD法合成钻石、CVD法合成碳硅石。
2. 实训内容：
①观察CVD法合成钻石及合成碳硅石的鉴定特征。
②将标本中的天然钻石与合成钻石、合成碳硅石区分开。
③在市场（或宝玉石展会）中寻找CVD法合成的钻石。

【自测题】

1. 简述CVD法的基本原理。
2. CVD法合成钻石有哪些鉴别特征？
3. 昆明市场有CVD法合成钻石吗？你是如何鉴别的？

任务8　拼合宝玉石和再造宝玉石的鉴定

【任务背景知识】

3.8.1　拼合宝玉石

1）拼合宝玉石的概念

拼合宝玉石是指由两块或两块以上的材料拼合而成，且给人以整体印象的珠宝玉石。按照拼合结构分为二层石、三层石等。

2）拼合石的主要品种

①石榴石和玻璃二层石：将玻璃粘接到一片石榴石上制作而成的二层石。
②刚玉二层石：主要由天然刚玉冠部及合成刚玉亭部组成。最常见的品种是以天然绿色蓝宝石为冠部而以合成红宝石为亭部。
③仿祖母绿拼合石：一种拼合方法是以天然绿柱石为冠部和亭部，用绿胶粘接组成的三层石。现在最常见的仿祖母绿拼合石是以无色合成尖晶石为冠部和亭部，中间用绿胶粘接制成。还有一种类似拼合石采用绿色玻璃代替了绿色胶。

④拼合欧泊：常见欧泊二层石和欧泊三层石。欧泊二层石是用胶将薄层欧泊粘在一个深色材料基底上制作而成，基底常为深色黑玉髓或黑色玻璃。欧泊三层石的制作基本上与欧泊二层石相同，区别在于欧泊三层石冠部有一种无色透明的材料，使用无色胶粘在欧泊上面增加其耐磨性。还有一种欧泊仿制品是用无色玻璃或塑料制成蛋圆形顶盖，用胶粘接贝壳底座。

⑤仿星光红宝石和星光蓝宝石拼合石：用蛋圆形切割的天然星光芙蓉石做顶，底部使用镜面或者结合使用一种蓝色（或红色）玻璃和镜面制成的。也有使用合成刚玉为顶，在底部加上刻面星线的金属衬底制作的仿星光刚玉。

⑥拼合翡翠：一块蛋圆形翡翠插入中空圆盖形翡翠中并用胶与第三块平底翡翠相粘接。在圆盖形翡翠和蛋圆形翡翠之间充填绿色胶状物质，使拼合效果接近优质绿色翡翠。

3）拼合石的鉴定

①石榴石和玻璃二层石的鉴定：

a. 将石榴石和玻璃二层石台面朝下放在一张白纸上，在纸上能见到石榴石顶部显示出的红圈效应。

b. 用反射光观察冠部或腰部可以发现黏合线，在线的两侧显示出不同的光泽、颜色特征。

c. 放大检查可见顶层和下部不同的包体。

d. 使用折射仪测量可见顶层和下部的折射率不同。

②刚玉二层石的鉴定

a. 平行腰围观察，冠部和亭部显示不同的颜色。

b. 放大检查，冠部可能看见天然刚玉的包体或者平直的色带，在亭部可能见到弧形生长纹和气泡。

c. 在紫外线照射下，冠部通常无荧光反应，而亭部有红色荧光。

③仿祖母绿和其他透明宝玉石的拼合石的鉴定：放大检查可发现冠部与亭部的包体不一致。

④拼合欧泊的鉴定：没有镶嵌的欧泊从侧面观察可见明显的直线分界线，欧泊部分显示出变彩效应，而底座呈黑色。如果已经镶嵌好，则很难鉴定。在放大条件下，用强光纤灯照明可能会发现欧泊与底座之间的胶中所含的气泡。欧泊三层石从侧面观察可见无色的盖。

⑤仿星光红宝石和星光蓝宝石拼合石的鉴定：平行腰围方向从侧面观察，可见无色石英，又是带点粉红色，其颜色没有受到底衬颜色的影响。

⑥拼合翡翠的鉴定：侧面观察可见拼合面。

3.8.2 再造宝玉石

1）再造宝玉石的概念

通过人工手段将天然珠宝玉石的碎块或碎屑熔接或压结成具有整体外观的珠宝玉石称为再造宝玉石。

2）再造宝玉石的主要品种

①再造琥珀：将琥珀碎屑在适当的温度、压力下烧结，形成较大块琥珀，称为再造琥珀。

②再造绿松石：由天然绿松石微粒、各种铜盐或者其他金属盐类的蓝色粉末材料，在一定的温度和压力下胶结而成的材料。

③再造青金石：某些劣质青金石被粉碎后用塑料黏结。

3）再造宝玉石的鉴定

①再造琥珀的鉴定：

a. 内部特征：透明度高，不存在云雾状及流动构造，表现为糖浆状的搅动构造，有时含有未熔物。

b. 通过放大观察可见再造琥珀可能具有粒状结构或"血丝"状构造，在抛光面上可见相邻碎屑因硬度不同而表现出凹凸不平的界线。

c. 正交偏光镜下，再造琥珀表现为异常双折射，天然琥珀的典型特征是局部发亮。

d. 再造琥珀的密度比天然琥珀稍低一些，一般为 $1.03 \sim 1.05$ g/cm^3。

e. 在短波紫外光下，再造琥珀比天然琥珀的荧光强，再造琥珀表现为明亮的白垩状蓝色荧光，天然琥珀为浅蓝白、浅蓝或浅黄色荧光。

f. 天然琥珀的颜色通常为黄色、棕色、红色等；压制琥珀的颜色一般为橙黄或橙红色。

再造琥珀与天然琥珀的鉴定特征如表3.5所示。

表3.5　天然琥珀与再造琥珀的鉴定特征

特征	天然琥珀	再造琥珀
颜色	黄、橙、棕、红色均有	多呈橙黄或橙红色
断口	贝壳状、有垂直于贝壳纹的沟纹	贝壳状
结构	表面光滑	粒状结构，表面呈凹凸不平的橘皮效应
$\rho/$（g·cm^{-3}）	$1.05 \sim 1.09$	$1.03 \sim 1.05$
包裹体特征	动植物残骸、矿物杂质、圆形气泡	洁净透明，可有聚集态的未熔物，气泡呈扁平拉长状定向排列
构造	具有如树木的年轮或放射状纹理	早期产品具流动构造，新式压制琥珀具糖浆状搅动构造
紫外荧光	浅蓝白、浅蓝或浅黄色荧光	明亮的白垩状蓝色荧光
可溶性	放在乙醚中无反应	放在乙醚中几分钟后变软
老化特征	因老化而发暗，呈微红或微褐色	因老化而发白

②再造绿松石的鉴定：

a. 结构：外表像瓷器，有明显的粒状结构。

b. 酸实验：因含铜化合物而呈蓝色，铜盐能在盐酸中溶解。将酸滴于表面，用白棉球擦拭将掉色。

c. 密度：再造绿松石因黏合剂的量不同而具有不同的密度。

d. 吸收光谱：再造绿松石红外吸收光谱具有由塑料黏结剂引起的1 725 cm⁻¹的吸收峰。

③再造青金石的鉴定：

a. 放大检查可以发现明显的碎斑块状构造。

b. 热针触探样品不显眼部位，会闻到塑料的气味。

【实训】

1. 实训目的：能独立区分标本中的天然宝玉石、拼合宝玉石、再造宝玉石。

2. 实训内容：

①观察拼合宝玉石、再造宝玉石的鉴定特征。

②将标本中的天然宝玉石、拼合宝玉石、再造宝玉石区分开。

③在市场（或宝玉石展会）中寻找拼合宝玉石及再造宝玉石。

【自测题】

1. 简述再造宝玉石的基本原理。

2. 再造琥珀有哪些鉴别特征？

3. 昆明市场有拼合宝玉石或再造宝玉石吗？你是如何鉴别的？

项目 4

宝玉石优化处理的方法及鉴定

【学习目标】

通过本项目的学习，能够对宝玉石的优化处理方法有所了解，并熟悉各种方法的鉴定特征。

【知识目标】

掌握每种宝玉石优化处理方法的鉴定。

【能力目标】

能鉴定未知宝玉石是天然的还是经过优化处理的。

【项目背景知识】

宝玉石由于其特殊的魅力，一直为人们所喜爱，随着科技的进步，人们生活水平的日益提高，人们对宝玉石的需求量越来越大。据统计，2015年中国社会消费品零售总额为300 931亿元，同比2014年增长10.7%；2015年中国黄金珠宝首饰零售总额为5 200亿元，占消费品零售总额的1.73%，同比2014年增长3.85%。随着经济的迅速发展，宝石业和珠宝市场将会更加繁荣昌盛。 由于自然界的资源有限，宝玉石新矿床的开采速度远远低于社会的需求量，完美无瑕的天然产出品极少。由于天然资源的局限，使供需发生矛盾，决定了人们必须要对那些质量不好的天然宝玉石进行改善，以满足社会对天然宝玉石的需求。

进入20世纪以来，特别是近些年来，由于新技术的不断出现，给优化处理宝玉石的工作提供了一个又一个新手段、新方法。随着宝石学的成熟，使优化处理天然宝玉石以增加宝玉石价值的研究成为一门科学。人们的认识从宏观领域进入了微观领域，使以前偶然发现的优化处理宝玉石的方法成为有目的的自觉行为，人们可以有意识地改变宝玉石的物理性质。当前，世界上许多技术手段齐全的实验室都开展了天然宝玉石优化处理的研究。

通过热处理使劣质刚玉变成蓝色或橙色蓝宝石的技术更是风靡一时。据报道，在国际市场上出售的彩色宝玉石，有80%是经过优化处理的，刚玉类红、蓝宝石的优化处理品超过90%。一些改善后的宝玉石颜色稳定，经久不变，已被公认价值与天然产出品相当。 由此可见，宝玉石的优化处理也产生了欺诈行为，因此，学习宝玉石优化处理的方法并掌握其鉴定显得尤为重要。

1）优化处理的概念

天然宝玉石的优化处理是指除切磨和抛光以外，用于改善珠宝玉石的外观（颜色、净度或特殊光学效应）、耐久性或可用性的所有方法。它是宝玉石学研究的一个重要内容。优化处理可进一步划分为优化和处理两类。

优化是指传统的、被人们广泛接受的使珠宝玉石潜在的美显示出来的优化处理方法，如加热处理、漂白、浸无色油以及玉髓玛瑙的染色等，市场上不予声明当作天然宝玉石出售。

处理是指非传统的，尚不被人们接受的优化处理方法，如染色处理、辐照处理、表面扩散处理等。属于处理的宝玉石在质检机构出证书时，必须声明其经过人工处理，如红宝石（玻璃充填处理）。

2）常见的优化处理方法

常见宝玉石的优化处理方法如下：

①优化方法：热处理、浸无色油、上蜡、漂白、染色（玉髓、玛瑙类）。

②处理方法：表面与体扩散处理、辐照处理、裂隙充填处理、熔合充填处理、激光处理、染色处理、涂覆处理、镀膜处理等。

任务1　宝玉石优化的方法及鉴定

【任务背景知识】

4.1.1　热处理

1）定义

利用加热使宝玉石的颜色、透明度、光学效应等得以改善，在加热过程中没有外来物质（除氧和氢元素外）的加入，也没有宝玉石物质的流失。

2）原理

（1）改变过渡致色离子的价态

将宝玉石放入高温下加热。通过改变宝玉石中致色离子的价态、含量以及内部结构等，从而改善宝玉石的颜色或透明度等。

如蓝宝石的改色：$Fe^{3+} + Ti^{4+} \rightarrow Fe^{2+} + Ti^{4+}$——产生蓝色。

致色离子含量和价态的转变可以改善宝玉石的颜色，宝玉石内部包裹体溶解可以提高透明度，固溶体的出溶可以产生特殊的光学效应等。

图4.1　热处理蓝宝石

（2）消除不稳定的色心

无色黄玉经 γ 射线辐照处理后，易诱生黄色不稳定色心和蓝色稳定色心，经低温加热退火处理后，有助于消除黄色不稳定色心，稳固蓝色色心，并转变为蓝色黄玉。

（3）脱水作用

某些由褐铁矿（$Fe_2O_3 \cdot nH_2O$）或氢氧化铁杂质致色的宝玉石，如黄色玉髓、褐黄色翡翠等宝玉石经热处理后，其内的褐铁矿易发生脱水而转变成赤铁矿（Fe_2O_3），原本黄色调则变为红色、褐红色。

（4）使某些宝玉石发生结晶构型的变化

有些宝玉石随着温度的升高，晶格结构类型会发生变化，从而发生颜色变化。例如加热可使低型锆石转化成高型锆石，颜色由褐至褐红色变成无色透明，人们常用此法获得折光率高的无色锆石作为钻石仿制品；若在还原环境下加热，还可以得到迷人的浅蓝色—蓝色锆石。

（5）使某些宝玉石发生重组、再生和净化而达到优化的目的

对于有机宝玉石如琥珀，在较低的温度下热处理就可以使它软化或熔融，冷却后成透明度高、质地较纯的琥珀，若在软化时加压，还会出现盘状张性裂隙，通常称之为"太阳光芒"。

（6）消除宝玉石中的包裹体，提高宝玉石的透明度和净度

宝玉石中经常存在包裹体，不仅影响宝玉石净度，有时还影响宝玉石的透明度。高温热处理（常接近宝玉石的熔点）能把宝玉石中的不纯包裹体杂质熔解或消除，以达到提高宝玉石的透明度和净度的目的，如红宝石的热处理可去除丝光。

3）热处理宝玉石的主要鉴别特征

①中低温的热处理往往没有明显的鉴别特征，热处理的琥珀常有被称为太阳光芒的圆盘状裂隙。

②高温、超高温处理的鉴别特征有：

A. 气液包裹体破裂。指纹状包裹体经加热处理后原来孤立的气液包体破裂，形成连通的、弯曲的、同心状的包裹体，像很长的卷曲散布在地上的水管，称为水管状愈合裂隙。

B. 固体包体的溶蚀。固体包裹体被溶蚀，低熔点的形成圆形或者椭圆形的由玻璃与气泡组成的二相包裹；高熔点的晶体包体则形成浑圆毛玻璃状或表面麻坑状的形态。

C. 热处理应力晕。当晶体包体因加热发生熔融或分解作用时，还可能诱发应力裂隙或者改造原生已存在的应力裂隙。常见现象有：

a. 雪球：晶体包体完全熔化形成白色的球体或者圆盘，并在周围形成应力裂隙。

b. 穗边裂隙：如果晶体包体完全或部分熔化后，熔体溢入裂隙，形成环绕晶体分布的熔滴环，或者充填到裂隙的其他位置，熔体的溢出还可能在熔化的晶体周围形成强对比度的空穴。

c. 环礁裂隙：晶体包体没有熔化，但形成了带有环礁状边缘的应力裂隙，也是热处理红、蓝宝石中可见的现象，这种裂隙也称为环边裂隙。

4）常见的宝玉石热处理实例和宝玉石经热处理产生改善的原因

表4.1 常见的热处理实例

实例	机理
琥珀和象牙的老化，颜色变暗	氧化
杂色锆石→无色或者浅蓝色锆石	氧化或者还原
烟晶→绿黄水晶和水晶，紫晶→黄水晶	改变色心或消除色心
肉红玉髓消除橙褐色，增进红色	氧化作用$2FeO（OH）→Fe_2O_3+H_2O$
红宝石消除紫色调	Fe^{2+}氧化为Fe^{3+}
黄绿色蓝宝石→蓝海蓝宝石	Fe^{3+}还原为Fe^{2+}
低型锆石→高锆	恢复晶态
刚玉产生或消除丝光、星光	促使出溶或溶解作用的发生

4.1.2　浸无色油

1）定义

为掩蔽裂隙和增加透明度而用折射率与宝玉石相近的无色油液填充裂隙的宝玉石改善方法，常用于祖母绿、欧泊及青金石等的改善。

2）浸无色油宝玉石的主要鉴别特征

①放大检查，观察裂隙中是否有油存在的特征。
②热针试验，有油渗出。

3）浸无色油宝玉石的注意事项

油液在受热和强光照射下会挥发、干涸，又显露出宝玉石原有的裂隙；浸过油的宝玉石要注意保管，并避免用超声波清洗或用溶解油液的洗涤剂清洗。

4.1.3　浸蜡

1）定义

将蜡浸入珠宝玉石表层的缝隙，用以改善外观，主要用于绿松石等玉石。

2）鉴定

在放大镜下，用烧热的针接近绿松石的表面，蜡受热熔化后会形成小珠渗出表面。另外，长时间放置后会褪色，尤其是经过太阳暴晒或受热后褪色更快。

4.1.4　漂白

1）定义

采用化学溶液对样品进行浸泡，使珠宝玉石的颜色变浅或去除杂色。珍珠、珊瑚的漂

白属于优化。

2）原理

常用过氧化氢漂白法。

①珍珠：将珍珠浸泡于浓度为2%～4%的过氧化氢溶液中，温度控制在20～30 ℃，pH值为7～8，同时将其暴露在阳光或紫外线下，珍珠即会变为灰白色或银白色，效果好时可变为纯白色。颜色浅的珍珠一般2～3天即可漂白，颜色深的甚至需要几个月。

②珊瑚：珊瑚制成细坯后，用过氧化氢溶液漂白可去除其浑浊的颜色，尤其是死肢珊瑚，如未漂白即呈浊黄色。一般深色珊瑚经漂白后可得到浅色珊瑚，如黑色珊瑚可漂白成金黄色，而暗红色珊瑚可漂白成粉红色。

4.1.5 染色

只有玉髓、玛瑙的染色属于优化方法。目前市场上的绝大部分玉髓、玛瑙是经过染色处理的。经染色的玉髓、玛瑙表现为极其鲜艳均匀的红色、绿色、蓝色等。

【实训】

1. 实训目的：熟悉宝玉石的优化方法。
2. 实训内容：
①观察经过优化的宝玉石标本。
②将标本中的天然宝玉石与优化宝玉石区分开。

【自测题】

1. 简述珍珠漂白的过程。
2. 热处理刚玉与天然刚玉有哪些不同？
3. 昆明市场有无经过热处理的刚玉？你是如何鉴别的？

任务2　宝玉石处理的方法及鉴定

【任务背景知识】

4.2.1 表面与体扩散处理

1）简介

目前，表面扩散处理法主要应用于刚族宝石，未见扩散法处理的其他宝玉石品种。这种扩散法处理的刚玉，在国际市场上出现的多为蓝色刚玉，与纯正的蓝宝石的颜色相当，透明度好，按标准规格磨制成型。

2）表面扩散处理

（1）方法

扩散处理的原料常是无色或淡色透明的天然刚玉，首先要将这些刚玉原料打磨成刻面或圆顶的各种形状、尺寸的毛坯，一般在细磨后不抛光，然后埋在以氧化铝为主，含有一些致色离子成分的化学药品中，在高温炉中持续加热。在超高温条件下（1 800～2 000 ℃），促使致色元素从表面扩散进入宝玉石内，从而产生一个很薄的颜色层。通常，覆以铁、钛致色剂可形成红色薄层；覆以镍、铬致色剂可形成橙黄色薄层。表面扩散处理只能在样品表面形成一层很薄的颜色层，根据这一颜色层的厚度又可将扩散分为Ⅰ型扩散处理和Ⅱ型扩散处理（"深"扩散法处理）两种。Ⅰ型扩散处理蓝宝石表面颜色层厚一般为0.004～0.1 mm，Ⅱ型扩散处理蓝宝石表面颜色层厚度可达0.4 mm。

（2）鉴定特征

①表面扩散处理蓝宝石的鉴定特征。

扩散蓝宝石的原石是无色或浅色的天然刚玉宝石，它的颜色是用高温的方法人工扩散进入晶体的。颜色仅限于宝玉石的表层，而宝玉石的核心部分是极浅或无色的原天然刚玉宝石，宝玉石的颜色层可通过切磨或抛光部分或全部去除。

鉴定扩散处理蓝宝石较有效的方法是用肉眼或显微镜下观察、油浸和放大观察。

A. 肉眼或显微镜下观察。

用肉眼或显微镜下观察，Ⅰ型扩散处理蓝宝石为灰蓝色、蓝色表面常有一种水淋淋、灰蒙蒙的雾状外观，而Ⅱ型扩散处理蓝宝石则为清澈的蓝色、蓝紫色，颇似天然优质蓝宝石。扩散处理的蓝宝石，抛光过轻而常在抛光面上产生一种双层带状物，在放大镜下观察可见一个扩散层。在扩散处理蓝宝石的表面裂纹或周围的孔隙中，常沉积有深的浓缩颜色和扩散用的色料。宝玉石中的包裹体周围常有高压碎片，部分包裹体熔融，或金红石的"丝"部分熔融成点状，或被吸收。

B. 油浸和放大观察。

将样品浸入二碘甲烷或其他浸液中，肉眼或放大观察它的外观，具有扩散处理宝玉石的典型特征。

a. 高凸起。由于颜色的浓缩，沿着刻面接合处和腰围明显地出现较深的颜色线或者高凸起。这种颜色线要注意与宝玉石的色带和包体相区别，色带和包体常常不规则，另外要注意宝玉石亭面周围的小刻面有时也易被认为是蓝色区。

b. 斑状刻面。通过热处理扩散的成品蓝宝石常出现部分刻面颜色深浅不一致的现象，整个宝玉石看起来颜色不均匀，有的刻面颜色深，有的刻面颜色浅，甚至近于无色，这是由于扩散处理不均匀，扩散层的厚度不同及扩散后抛光不均匀等综合作用引起的。

c. 腰围边效应。对于扩散处理的宝玉石，在腰围处常常完全无色，整个腰围清晰可见，这种现象称为腰围边效应。腰围边效应是由于在热处理过程中，处于边缘的腰围过分熔融烧结，在抛光时不得不加重抛光而出现的现象，这种效应在油浸下观察十分明显。

d. 蓝色轮廓。不论是在哪种介质的浸油中，扩散处理宝玉石的边缘都很清楚，常出现一个深蓝色的轮廓。这显示了这类宝玉石边缘有渗色层的特征。天然宝玉石与扩散处理宝玉石的对比更说明了这种现象。将两块宝玉石都浸在二碘甲烷中，用透射光照射，天然宝玉石看不到刻面界限，整体边缘也不清楚。而扩散处理的宝玉石，刻面接合处清楚，整体也出现一个清楚的蓝色轮廓。

②表面扩散处理红宝石的鉴定特征：

a. 颜色：表面扩散处理的红宝石，早期产品多为石榴红色，带有明显的紫色、褐色色调。新产品可有不同深浅的红色，但颜色不十分均匀，常呈斑块状。

b. 放大检查：当将样品浸在二碘甲烷中用漫反射光观察时，可见红色多集中在腰围、刻面棱及开放性裂隙中，但这种颜色的集中现象没有表面扩散蓝宝石明显。

c. 荧光：表面扩散处理的红宝石在短波紫外线下可见有斑块状的蓝白色磷光。

d. 二色性：样品可具有模糊的二色性，有时表现出一种特殊的黄—棕黄色的二色性。

e. 折射率：表面扩散处理的红宝石具有异常折射率，折射率值最高可以达到1.80。

③表面扩散处理星光刚玉宝石的鉴定特征：

a. 颜色：表面扩散处理星光蓝宝石整体为具有黑灰色色调的深蓝色，表面特别是在弧面型宝石的底部或裂隙内存在着红色斑块状物质。

b. 星光特点：星光完美，星线均匀。

c. 放大检查：显微镜下观察可发现星光仅局限于样品表面。

d. 荧光：在长、短波紫外线下样品无反应。

3）体扩散（也称铍扩散）处理方法

（1）方法（刚玉宝石）

在热处理过程中加入铍化合物，处理后的渗色层厚度较大，甚至整体着色。

（2）鉴定特征

以下特征并不能确定刚玉经过了铍扩散处理，但是可以证明刚玉经历了高温处理（温度远高于刚玉的一般热处理），而这样的高温正是铍扩散处理所需要的。因此，当红蓝宝石中看到这样的特征，意味着其颜色的来源值得怀疑。

①锆石包体：传统热处理后，刚玉中的锆石晶体依然保持原来的形状——透明角状或浑圆微粒状晶体。刚玉在经历高温后锆石变为不规则的白色小点，还经常包含有气泡。

②内部的重结晶：铍扩散处理所需的高温会造成刚玉内部出现某种形式的重结晶。第一种就是锆石的重结晶。第二种类型是水铝矿被熔蚀后，重结晶的刚玉出现在水铝矿的管道中，并形成浑浊的外观。

4.2.2 辐照处理

1）辐照处理简介

辐照处理指用高能射线辐照宝玉石，使其颜色发生改变的处理方法。辐照处理常附加热处理，适用于由色心引起颜色的宝玉石，主要是使宝玉石产生或部分消除结构缺陷，得到不同的色心，而呈现出所需要的颜色。

自1904年发现了 γ-射线后，随后的1923—1926年科学家开始用辐照法改变矿物的颜色，进行矿物颜色的一般辐照实验。到1947年，美国的宝玉石研究所鲍尔先生才系统地进行了矿物的辐照改色工作。我国在宝玉石改色方面的研究工作起步较晚，到了20世纪70年代初以水晶辐照致色研究为开端，随着科技的进步，辐照改色宝玉石的研究在全国轰轰烈烈地开展起来。

辐照处理是争论最大的用来改善宝玉石颜色外观的方法。因为它使宝玉石的颜色得到了改善，而又难以鉴别，而且许多辐照处理改色宝玉石的颜色对低温甚至是光线都很不稳定。甚至由于有残余放射性，还可能对人的身体有害，因此，此方法被归为优化处理中的处理一类，在市场出售时要求公开。

辐照改色比较成功的宝玉石有钻石、托帕石、锆石、石英、绿柱石及珍珠等。

2）辐照处理的原理

从基本原理讲，辐照即是粒子或电磁波的能量发射。辐射的类型之一，例如电离辐射，具有足够的能量使宝石产生色心或相似的变化。这些辐射形式包括带电粒子（高速电子、质子）、γ射线（与X射线相近但具有更高能量的高能光子）、中子。辐照使宝石产生色心，致色的原理要涉及晶体的缺陷、空位、色心、能带等理论。

如水晶辐照变茶、烟色是"色心致色"的典型实例。水晶是一种含少量铝杂质的晶体，Al^{3+}离子取代了晶格中的Si^{4+}离子。由于Al^{3+}的正电荷较少，晶体场理论认为它对晶格中与其相连的氧离子的价电子的静电引力也比其他Si^{4+}离子相连的氧离子的价电子弱。如果受到辐照后与Al^{3+}相连的某一个氧原子上的价电子就会失去一个，从而产生空位色心。于是留下的那个未成对的电子吸收有关的色光，使水晶产生颜色，显示出烟色或茶色。

3）辐照处理的设备

从理论上讲，一切可以进行放射性辐照的源（装置），都可以作为辐照宝玉石的设备。不同的辐照源或装置对不同宝玉石的作用略有差别，其中各种射线的性质不同和各种宝玉石形成色心所需要的能量不同是产生这些差别的主要原因。例如，用Co_{60}辐照水晶就可以得到满意的茶晶和黄晶等。而辐照黄玉得到的颜色就不理想，常使颜色很淡，而用中子辐照再经热处理就可以得到颜色较深的蓝色黄玉。

目前常用作为辐照宝玉石的设备有各式反应堆（产生高能中子）、电子加速器（产生高能电子）、钴源等，宝玉石经辐照后所产生的残余放射性与宝玉石样品所受哪种射线（γ、β、中子）照射及其辐照注入量、样品中杂质元素的种类及含量多少，被活化杂质的半衰期等密切相关。线性加速器或核反应堆可能产生残余放射性。

4）辐照处理的鉴定特征

辐照处理改色通常很难鉴定，需要用到针对性的研究型仪器，主要的特征有：

①颜色的不稳定性：经阳光暴晒或加热发生褪色。

②颜色分布的不均匀性：色带分布与宝玉石形态相关。

③残余放射性：利用高灵敏的闪烁计数器可测得。

④碎裂：局部产生的高温可能使宝玉石碎裂，例如辐照处理的珍珠常有表层的小裂隙。

⑤宝玉石的吸收光谱：辐照处理的宝玉石，尤其是钻石，与天然彩色钻石具有不同的成色机制，常有741 nm、595 nm等天然彩色钻石没有的吸收峰。

4.2.3 充填处理

1）定义

利用宝玉石存在的孔隙或裂隙，填充无色的物质，以达到增加宝玉石的稳定性、隐去裂隙、提高透明度、提高机械强度和增加光泽等目的。

2）充填处理的类型

（1）稳定化处理

①上蜡和浸蜡处理，如防止绿松石失水、防止染色青金的染料溶解，这一处理往往列为优化类型。

②注塑处理，主要用于多孔而疏松的宝玉石，如绿松石、多孔欧泊和其他因疏松而加工工艺性能不好的宝玉石材料。

（2）隐蔽裂隙

宝玉石和玉石中微小裂隙常见，俗话说"十宝九裂"，裂隙和微孔隙会降低宝玉石的外观质量。主要的处理方法有：

①浸泡无色油：可以起到隐蔽裂隙，提高透明度的作用。油的缺点是易挥发，还易留下黄色残迹，浸无色油列为优化类型。

②注入树脂：可以起到隐蔽裂隙，提高透明度的作用，且树脂不易挥发，折光率也比油高，但时间久远会老化变黄。用树脂处理的有祖母绿、翡翠等，属于处理的类型。

③充填无色玻璃：主要填充开放性的裂隙与凹坑，提高宝玉石的透明度和表观净度。如：钻石和红宝石的玻璃填充。

3）鉴别特征

①热针测试：热针下充油和蜡的宝玉石会出汗，充树脂的有异味。但是热针测试具有破坏性，要谨慎使用。

②裂隙的闪光：各种裂隙充填处理的宝玉石常有闪光效应。

③光泽差异：玻璃充填红宝石的表面常常能看到光泽较低的玻璃充填区域。

④外来成分：红宝石中的硅酸盐成分、祖母绿中的有机成分和钻石中的铅元素都指示经过了充填处理。

4.2.4 激光处理

某些高档宝玉石有时其内部含有较大的深色矿物包裹体，用很细的激光束钻一通达包裹体的细孔，并将包裹体溶解掉，这种方法就称作激光处理。

激光处理常被用于钻石的优化处理。根据钻石的可燃性，可以利用激光技术在高温下对钻石进行激光打孔，然后用化学药品沿孔道灌入，将钻石中的有色包体溶解清除，并充填玻璃或其他无色透明的物质。激光处理钻石的表面和内部留有钻孔的痕迹，放大镜和宝玉石显微镜下容易观察到此痕迹，见图4.2。

图4.2 激光钻孔处理

4.2.5 染色处理

染色处理是用化学药剂对宝玉石进行处理，使无色或颜色过淡的宝玉石染上鲜艳的颜色。

一般有孔隙和裂隙的宝玉石才能进行染色处理。石英岩、大理岩、翡翠、软玉、绿松石、玉髓、玛瑙、珍珠、珊瑚等玉石常进行染色处理。我国国标规定，染色处理的宝玉石除了玉髓、玛瑙外都需要公开。

染色处理的宝玉石有以下鉴别标志：

①颜色过于浓艳，分布在粒间或裂隙中。

②擦拭实验：可用棉球蘸些稀硝酸（2%）在珍珠不显眼的地方进行擦拭，染色的黑珍珠会使棉球呈黑色。

③染色宝玉石的吸收光谱与天然品不同。

④紫外光下，染色宝玉石与天然品可能有差别。

⑤在查尔斯滤色镜下，染色宝玉石与天然品有时有差异。

4.2.6 涂覆、镀膜处理

涂覆、镀膜属于一种表面处理方法。其主要特点是采用一些无色或有色人造树脂材料均匀地附着在宝玉石戒面的表面，以期改变或改善宝玉石的视觉颜色及表面光洁度，或掩盖宝玉石表面的缺陷。

1）涂覆处理

把一些类似涂料和一些有色人造树脂材料均匀地涂在宝玉石表面，以增强宝玉石表面的光洁度或改变颜色。

2）镀膜处理

采用沉淀、溅射、喷镀技术，以改变或改善宝玉石的视觉颜色或增强表面光洁度。如色级偏低的微黄色钻石戒面的亭部被覆上一层类似镜头表面的蓝色薄膜，通过增加其补色来抵消黄色调。在宝玉石表面喷镀金属膜，可产生虹彩效应。

3）鉴别特征

①观察宝玉石亭部刻面：在反射光条件下观察宝玉石亭部刻面的表面，可见到外来物质、特殊色彩或刻划痕。

②涂层的性质：涂膜处理的膜层可能具有不同于宝玉石的物理性质、硬度较低、容易脱落等。

③镀层的晕彩：用真空镀膜工艺的膜层常常具有干涩形成的晕彩。

【实训】

1. 实训目的：能独立区分标本中的天然宝玉石与经过处理的宝玉石。

2. 实训内容：

①观察表面与体扩散处理刚玉宝石。

②观察辐照处理黄玉。

③观察充填处理绿松石。

④观察激光处理钻石。

⑤观察染色处理珍珠和翡翠。

⑥观察涂覆处理绿柱石。

【自测题】

1. 表面扩散处理刚玉宝石的鉴定特征有哪些？

2. 简述常见辐照处理宝玉石的工艺过程及鉴别特征。

3. 染色翡翠的鉴定特征有哪些？

项目 **5**

宝玉石
系统鉴定

【学习目标】

学习宝玉石鉴定的一般测试和程序。

【知识目标】

熟悉并正确使用各种宝玉石鉴定仪器。

【能力目标】

系统地掌握宝玉石鉴定的方法，并能准确地鉴定各种宝玉石品种。

　　宝玉石系统鉴定是在掌握常见宝玉石的特征，懂得全面系统地对宝玉石进行观察和测试的基础上，对宝玉石的种类和真伪等加以确定的方法。各种宝玉石均有各自的特征，掌握并熟悉这些特征，便可帮助我们快速、准确地区别和鉴定宝玉石。了解各种测试宝玉石的项目，并遵循一定的步骤系统地完成这些工作，对于鉴定宝玉石也是十分有益的。

任务1　宝玉石系统鉴定方法

5.1.1　宝玉石系统鉴定一般程序

　　宝玉石的系统鉴定并没有确定的规则程序，但所有的宝玉石鉴定都使用一些基本的测试项目，本书介绍一种常用的系统鉴定程序。

①系统观察：肉眼观察并记录结果，包括颜色、透明度、光泽、色散等。

②放大检查：从10倍放大镜到宝玉石显微镜观察（某些品种仅需放大镜观察）。

③折射仪测试：折射率及双折射率测试。

④偏光检查及光性测试：正交偏光及锥光测试。

⑤相对密度测试：重液法或静水称重法测试。

⑥分光镜测试：吸收光谱观察。

⑦多色性测试：二色镜或偏光镜测试。

⑧紫外光测试：荧光或磷光观察。

⑨其他测试：针对具体宝玉石种类选择如查尔斯滤色境、热导仪、热针等测试。

⑩根据上述测试结果，参照宝玉石特征定出宝玉石的种名、族名及变种名。

5.1.2　具体测试项目说明

（1）颜色

除色质本身外，还应记录颜色的鲜艳程度、均匀程度及分布规律。

（2）透明度

①透明：透过宝玉石观察时物体清晰可见。

②亚透明：透过宝玉石观察时物体形象模糊。

③半透明：有些光亮透过，但看不见物体。

④微透明：稍有些光亮透过宝玉石的薄边缘。

⑤不透明：无光亮透过。

（3）琢型

①刻面型：圆多面型、方形阶梯型、混合型、玫瑰花型等（通常先描述腰棱形状，再描述刻面型，如方形阶梯型琢型）。

②弧面型。

③随型：不规则型。

（4）光泽

玻璃光泽、强玻璃光泽、亚金刚光泽、金刚光泽、油脂光泽、丝绢光泽、蜡状光泽、珍珠光泽、金属光泽等。

（5）色散

弱、中、强。

（6）特殊光学效应

猫眼效应、星光效应、变彩效应、变色效应等。

（7）特征描述

将放大观察看到的表面或内部特征加以描述，如包裹体的颜色、状态、形状，或刻面、棱线的情况等。

（8）多色性

除多色性类型外，应指出多色性强、中、弱及颜色。

（9）吸收光谱

记录分光镜中看到的每一条吸收线或吸收带，在表中画出并加以描述。

（10）紫外测试

记录荧光的颜色、强弱、波长。若有磷光，单独进行描述。

5.1.3　定名

在对宝玉石进行各种测试后，根据测试结果，对照宝玉石的特征，对所测宝玉石进行定名。定名时不仅要求写出族，而且要求填写具体的种，甚至变种。

如：族——石榴石

种——钙铝榴石

变种——水钙铝榴石

【实训】宝玉石的系统鉴定

实训要求：

（1）系统鉴定宝玉石之前，要求熟悉各种鉴定仪器操作及测试步骤。

（2）了解常见宝玉石的特征、性质及定名。

（3）了解常见的合成品、仿制品的性质和特征。

（4）认真填写宝玉石系统鉴定表，完成实验报告。

实习内容：

（1）钻石、红宝石、蓝宝石和各色蓝宝石及其合成品、仿制品的鉴定。

（2）祖母绿、海蓝宝石、绿柱石、金绿宝石及其合成品、仿制品的鉴定。

（3）欧泊、黄玉、石榴石族、橄榄石及其合成石、仿制品的鉴定。

（4）水晶族、锆石、电气石、长石族宝石及仿制品的鉴定。

（5）翡翠、软玉、独山玉、岫玉、绿松石及其他玉石的鉴定。

实习中注意事项：

（1）系统鉴定共安排6个实验，每个实验4学时，共计24学时。

（2）认真遵守各种仪器的步骤和注意事项，严禁违反操作规程。

（3）爱护标本、仪器，严禁破坏性的测试。

表5.1　实习作业及格式

标本号

总体观察	颜色　　　琢型 透明度　　光泽 色散 特殊光学效应
放大观察	
折射率	高$RI=$　　　低$RI=$ $DR=$ 点测$RI=$
偏光镜	
二色镜	
分光镜	700 nm　　　　　　　　400 nm 描述
相对密度	重液测定
荧光	LM　　　　SW 磷光
其他	
定名	

任务2　宝玉石系统鉴定方法

在实际宝玉石鉴定工作中，通常所鉴定宝玉石都是未知的。对于任何一个未知的宝玉石，其系统鉴定的方法仍然是适用的。因此，在实际宝玉石鉴定中，常采用未知宝玉石鉴定的方法，有针对性地快速鉴定宝玉石。全面系统地掌握宝玉石资料是未知宝玉石鉴定的可靠保证。

对于未知宝玉石鉴定，有一定的规则需要遵循：

①关键性测试对于每种宝玉石是各不相同的，它是确定该宝玉石族、种、变种的可靠的测试手段。仅仅是几条非确定性的测试方法是不够的。

②每种宝玉石的定名必须有三条及以上的鉴定特征，而且必须准确无误，如红宝石鉴定主要是根据折射率和双折射率、吸收光谱、内含物、多色性等特征来识别。禁止仅根据一两条测试结果就轻率定论，以防失误。（若在多次测试后均不能得到三条准确的鉴定特征，那么至少需要有两条准确的鉴定特征，以及两到三条辅助鉴定特征，才能对宝玉石进行定名。）

③测试中如发现某条结论有出入，必须多方验证，找出充足的理由证明。

④折射仪、显微镜、偏光测试、分光镜和相对密度测试通常是有用的测试手段。

【实训】未知宝玉石鉴定

实训要求：

（1）学习迅速准确地鉴定宝玉石的方法，学会抓住关键性测试。

（2）熟练掌握各种常见宝玉石的天然品、合成品及仿制品的鉴定方法。

（3）熟练掌握系统鉴定宝玉石的方法，以便正确判断和找出关键测试方法。

（4）准确地进行至少三项以上的鉴定测试，确定可靠的测试依据。

（5）完成鉴定表，正确定名。

实习中注意事项：

（1）未知宝玉石鉴定共安排10个实验，每个实验4学时，共计40学时。

（2）认真遵守各种仪器的步骤和注意事项，严禁违反操作规程。

（3）爱护标本、仪器，严禁破坏性的测试。

表5.2　实习作业及格式

编号	观察内容		定名
	颜色		
	琢型		
	鉴定依据		

续表

编号	观察内容	定名
	颜色 琢型 鉴定依据	
	颜色 琢型 鉴定依据	

附　录

附表1　主要宝玉石的肉眼识别特征

宝玉石名称	矿物名称	外貌特征	肉眼识别要点
钻石	金刚石	晶莹剔透，洁白油亮。在无色、微黄或褐色的宝玉石内部，闪烁着橙色、黄色、蓝色的彩光（色散）。	钻石琢型对称，棱角尖锐。特有的金刚光泽，同绝大多数仿制品的玻璃光泽明显不同；可见橙红色、黄色、蓝色三种彩光（火彩）。钻石的台面向下盖在有字的纸上，透过钻石见不到钻石上的字迹。在10倍放大镜下观察，大部分钻石中都含有极微量的瑕疵。
立方氧化锆（人造）		晶莹剔透，洁白油亮。在无色或其他颜色的宝玉石内部闪烁着七色彩光（色散）。	仿钻石琢型，但棱角略圆，台面向下盖在有字的纸上，透过亭部可见纸上的字迹。宝玉石内部洁净，几乎没有瑕疵。火彩明显。
锆石（高型）	锆石	无色，褐红色，光泽油亮，宝玉石内部闪烁有2～3种彩光（色散）。	光泽油亮，色散清楚，刻面棱双影线棱清楚，性脆，棱角极易残缺，具纸蚀现象。
钙铁榴石	钙铁榴石	绿色，透明，光泽明亮，可见彩光（色散）。	光泽明亮，宝玉石中常见马尾状的纤维包裹体。
钇铝榴石（人造）		无色、绿色，光泽明亮，内部洁净。	光泽明亮，绿色者颜色浓艳，在暗处强光照射泛红色闪光。
锰铝榴石	锰铝榴石	橙黄色，光泽明亮。	明亮的橙黄色，用放大镜观察宝玉石内部可见到波纹状的气液包裹体。
铁铝榴石	铁铝榴石	红色、黑红色，光泽明亮。	红或黑红色中带有褐色色调。内含物主要为矿物晶体包体，较典型有针状金红石晶体，一般呈短纤维状，相互以110°和70°角相交；锆石晶体常见"锆石晕"。
镁铝榴石	镁铝榴石	红色、玫瑰红色，光泽明亮，透明，内部洁净。	红色中带有褐色色调。在暗处用强光照射，亭部相邻的小面反射出的颜色差别较大，一侧是红色，另一侧就可能是红黑色。内部较纯净，无多色性。
钙铝榴石	钙铝榴石	黄绿色、绿色、褐黄色、橙红色。透明、光泽明亮。	黄绿至橙红的颜色。明亮的光泽。橙红色的品种中，含有旋涡状波纹和磷灰石包裹体。
红宝石	刚玉	颜色浓艳、柔和而明亮，但不均匀。多呈红色（鸽血红）、微带紫的粉红色，可见不均匀的红色色带，光泽明亮。透明但不清澈。在强光照射下，颜色会变得更加明亮鲜艳。	红色分布不均，明显色带。肉眼多色性明显。可以见到120°、60°相交的色带或生长线。弱光斜照有些品种可显乳白色丝绢状包裹体。强光斜照通体艳红，看不清亭部小面的琢型。天然红宝石极少有完美无瑕的，或多或少都含有包裹体，即所谓"十红九裂"。

续表

宝玉石名称	矿物名称	外貌特征	肉眼识别要点
蓝宝石	刚玉	蓝色、黑蓝色、淡蓝色。颜色不均，光泽明亮。	蓝色不均。肉眼多色性明显，可以见平直或以120°、60°相交的色带。弱光斜照有些品种可显乳白色丝绢状包裹体。天然蓝宝石比较容易找到完美无瑕的，即使在40倍显微镜下也难找到包裹体。
助熔剂法合成红宝石	合成刚玉	助熔剂法合成的红宝石颜色与天然红宝石相似，可有各种色调的红色、鲜红色和粉红色，纯正、艳丽，而且透明、洁净，通常过于完美。透明、光泽明亮。可以见到许多乳白色的烟雾状包裹体。二色性明显。	红色均匀，鲜红色和粉红色，纯正、艳丽，二色性明显。肉眼观察内部洁净，可以见到诸多乳白色的烟雾状包裹体或两组相交的"裂隙"。乳白色的包裹体或"裂隙"在强光下投射显橙黄色。
焰熔法合成红宝石	合成刚玉	焰熔法合成红宝石的颜色最常见为鲜红色和粉红色，纯正、艳丽，而且透明、洁净，通常过于完美。二色性明显。	红色均匀，鲜红色和粉红色，纯正、艳丽，有些呆滞，二色性明显，肉眼观察宝玉石内部洁净，放进水中可显弧形色带和气泡。
焰熔法合成蓝宝石	合成刚玉	蓝色均匀，清澈透明，光泽明亮。	蓝色均匀，饱和度高，艳丽均一。有些呆滞。宝玉石内部洁净，放进水中可显弧形色带和气泡。
星光红宝石	刚玉	红色，光泽明亮。在强光的照射下，六射星光清澈。	星光的中心有一个聚集的亮点（宝光）。星线发散，不对称，有断腿，底面多不抛光，星光由中心向四周逐渐变细，在宝玉石的弧面或底面可以看到以120°、60°相交的平直色带。
星光蓝宝石	刚玉	蓝色，光泽明亮。强光下六射星光清澈，半透明。无色、绿色，光泽明亮。内部洁净。	星线发散，不对称，有断腿和宝光，底面多不抛光，星光由中心向四周逐渐变细，在宝玉石的弧面或底面可以看到以120°、60°相交的平直色带。
合成星光红宝石	合成刚玉	暗红色，不透明。室内光线照射下，六射星光清晰。	星线清晰明亮，星线规则，粗细相同，居中，星光的中心没有聚集的亮点（宝光），无断腿，底面一般要抛光，可见弯曲生长纹。
合成星光蓝宝石	合成刚玉	灰蓝色，不透明，室内光线照射下，六射星光清晰。	星线清晰明亮，规则，粗细相同，居中，星光的中心没有聚集的亮点（宝光），无断腿，底面一般要抛光，可见弯曲生长纹。
金绿宝石	金绿宝石	褐黄、褐绿、淡棕色，透明，强玻璃光泽。	带褐色调的黄色、淡绿色。宝玉石内部洁净，光泽明亮。手掂有重感。

续表

宝玉石名称	矿物名称	外貌特征	肉眼识别要点
猫眼	金绿宝石	以蒸粟黄或蜜蜡黄色最佳，次为浅黄色、绿黄色、褐黄。亮玻璃光泽。半透明至不透明。猫眼效应清晰。	带褐色色调的淡黄色、淡绿色、淡棕色。半透明。猫眼灵活，用光照射，向光的一侧呈体色，另一侧呈乳白色。有大量平行排列的丝状及针管状内含物明亮的光泽和移动灵活的光带。手掂有重感。宝玉石表面滴上水滴，水珠凸起不易散开。
亚历山大石、变石	金绿宝石	褐绿色。在日光照射下呈绿色。在白炽灯下呈暗红色。	褐绿色，在不同的光源照射下呈现不同的颜色。显强三色性。
尖晶石	尖晶石	颜色很多，但都均一，光泽油亮。	颜色为橙、红、粉红、紫红、黑、无色、蓝，极少数绿色；红色尖晶石颜色鲜艳均一、明亮，红色中带冷灰色调；亮玻璃光泽。内部干净，常含有八面体晶体。
坦桑石	黝帘石	靛蓝色。透明。三色性肉眼可见。	靛蓝色，转动宝玉石可显紫、绿、蓝三色性。硬度低，用锉刀可刻画。
透辉石	透辉石	绿色、黄绿色。颜色均匀，透明。光泽较暗。有些半透明的品种具有猫眼或四射星光效应。	绿或黄绿的颜色均匀，光泽偏暗。亭部的反光面少、外貌呆滞。宝玉石内部可能见到多足毛虫般的白色解理和刻面棱双影清楚。
顽火辉石	顽火辉石	褐绿色、褐黑色。半透明。有些半透明的品种具有猫眼或四射星光效应。玻璃光泽。	色深，光泽偏暗。质软。具宝玉石价值的仅见具猫眼或四射星光效应的品种。
A货翡翠	硬玉	翡翠属多色玉石，品种很多。满绿色玻璃的翡翠，绿色鲜艳，形如绿色水滴。宝玉石中的丝絮向一个方向延伸。绿色不均的微透明翡翠，绿色呈丝絮，斑点展布在浅的底色上，可见盐粒状结构。光泽明亮，透明度差。	颜色分布不均，伴有色根，在不同品级翡翠其结构不同。高档翡翠为纤维状，细腻，肉眼和放大镜都无法看到，透明度好；而中低档为粒状，肉眼可见近圆形晶体矿物或者是白云朵状的小斑点（石花），有时可见结构粗的翠性。翡翠光泽油亮，光泽的反光面犹如玻璃般明亮、锐利，反光点集中。底色不净，伴有淡褐色水迹。手摸冷涩。声韵清脆。比重为3.33，有坠手感。由于天然翡翠的结构紧密，对碰时均能发出清脆的声音。
B货翡翠	硬玉	直观上整体泛白色，颜色一般显得较鲜艳，但不太自然，有时会使人感到带有黄气。有雾感，浑浊不清，透明度均一，显示出了一种布满微透明状的乳白色蜡状物。带蜡状的玻璃光泽。	颜色一般显得较鲜艳，但不太自然，有时会使人感到带有黄气。质地干净，一般不会有淡褐色的铁迹，光泽偏暗，表面可见明显蜘蛛网状酸蚀纹和半透明的乳白色堆积物。敲击声多沉闷嘶哑，不够清脆。

续表

宝玉石名称	矿物名称	外貌特征	肉眼识别要点
C货翡翠	硬玉	不同的染料可以把无色翡翠变为绿色或淡紫色。外貌与天然翡翠类同，差别是染料沉积在矿物的细缝里。	颜色呈网脉状分布于裂纹或颗粒之间，色呈丝网状，没有色根。质地干净，一般不会有淡褐色的铁迹，光泽偏暗。
橄榄石	橄榄石	光泽油亮的黄绿色和褐色。内部洁净。反光明亮，即便是在室内光线照射下，亭部诸多小面也同时反光。	橄榄石属自色宝石，其颜色单一，变化不大。略带黄的绿色，光泽柔和，为玻璃光泽，反光好；内部干净。可见刻面棱双影和偶见荷叶状包裹体。
红柱石	红柱石	棕绿色。玻璃光泽。三色性极明显。当转动宝玉石时，从不同的刻面上能反射出棕红、棕绿、淡黄绿三种颜色。	棕绿的颜色，三色性极明显。当转动宝玉石时，从不同的刻面上能反射出棕红、棕绿、淡黄绿三种颜色。
磷灰石	磷灰石	艳蓝色、绿色、棕绿色、褐色。玻璃光泽，亭部反光面多。透明至半透明，有些品种具有猫眼效应。	光泽油亮。亭部小面反光效果好。质软，琢棱圆滑，极易残缺。
碧玺	电气石	各种颜色均有。光泽明亮。除粉红色外，其他颜色的电气石均很洁净，无包裹体。	可呈任何颜色，杂色电气石也常见。多色性强，以至于用肉眼都能确定，特别是某些褐色和绿色电气石中。玻璃光泽。宝玉石摩擦生热后，能吸附贴近的纸屑。双折射率大。亭部棱角处可见刻面棱双影。
绿松石	绿松石	微透明的浅蓝色、淡绿色。蜡状光泽。瓷状外观。	颜色多为浅蓝色、天蓝色、淡蓝色、绿蓝色、绿色。不透明，为蜡状光泽、土状光泽。多数属于隐晶质结构，极少数可见斑晶。通常，外观上有小的不规则的白色纹理和斑块，以及褐色脉石材料的纹理和色斑。
软玉	软玉	颜色很多，白色为主。结构细腻。呈微透明至不透明的致密状块体。	颜色相对均一。质地细腻，肉眼看不清玉石的结构。光泽柔和滋润。是玉石中透明度最差的品种（微透明至不透明），光泽柔和，为油脂感的玻璃光泽或油脂光泽。主要有白色、灰白色、黄色、绿色、黄绿色、灰绿色、深绿色、墨绿色、黑色等。
托帕石	黄玉	红、淡红到粉红色，橙到黄色、褐色、淡绿色、蓝色和无色。颜色均匀、光泽油亮。清澈透明。亭部小面反光极其明亮。	颜色相对均一，玻璃光泽。宝玉石内部的小面反光效果好，反光面多，且具镜面效果。光泽明亮。内部洁净，很少见到包裹体，手掂有重感。

续表

宝玉石名称	矿物名称	外貌特征	肉眼识别要点
祖母绿	绿柱石	透明的翠绿颜色在强光照射下更加艳绿。宝玉石内部常含有白色或黑色的固态包裹体和反白光的裂隙。	颜色呈透明的翠绿色，在强光照射下颜色变得更加鲜艳透明。宝玉石内部不同程度地存在裂纹，裂纹中充填褐色铁质，还有矿物晶体。缺陷较多。
助熔剂法合成祖母绿	合成绿柱石	透明，颜色均匀，呈艳绿色或带黄的绿色，内部洁净，很少见到包裹体，其中可以见到扭曲的烟雾状、乳白色包裹体。	透明，颜色均匀，呈艳绿色或带黄的绿色，肉眼观察内部洁净，用20倍放大镜观察可见内含物。助熔剂法可见云翳状、花边状、烟雾状、面纱状、羽状体；在暗处用强光照射能泛出红色闪光，见不到反白光的裂隙。
合成祖母绿（水熟法）	合成绿柱石	透明的翠绿色。内部比较洁净。有时可以见到平直展布的籽晶夹层和极少小矿物层状气液包裹体。	透明，颜色均匀，呈艳绿色或带黄的绿色，肉眼观察内部洁净，常有两相包裹体，由硅铍石和孔洞组成钉状包体，发育波状生长纹和色带，在暗处用强光照射，绿色中泛红色闪光。
海蓝宝石	绿柱石	透明均匀的海水蓝色。内部洁净。很少见到缺陷。含有密集排列管针雨状包体，品种具有猫眼效应。	透明、雅浅的海水蓝色。内部洁净。很少见到缺陷。
各种颜色绿柱石	绿柱石	无色、黄色、橙色、绿色、粉红色。光泽明亮。内部极少缺陷。含有管针包裹体的品种具有猫眼效应。	颜色雅浅、明亮，内部极少见到缺陷。
岫玉（蛇纹岩玉）	蛇纹石	黄绿色、淡绿色、白色。蜡状光泽。在半透明的基底上可以见到密集堆集的白色云朵。	以特有的淡黄、黄绿至绿色，色均匀且较淡，形成典型的鉴定特征。质地细腻，肉眼难见，透明度较高，透光观察可见水波纹，呈明显的油脂光泽。由于硬度低，表面易磨损。黄绿的颜色。底色可以见到展布不均的丝絮或不透明的白色云朵。
紫晶	单晶石英	淡紫色、深紫色。颜色不均，可以见到紫色条带或斑块。光泽明亮。内部可含絮状气液包裹体。	光泽明亮，颜色不均。肉眼可见色带或紫斑。在摩擦生热后能吸附贴近的纸屑。
水晶	单晶石英	无色、清澈透明。内部可含絮状气液包裹体。	清澈透明，透明晶莹，反光柔和，无色。手摸凉爽。存在缺陷，含有大量絮状物包体，制成的水晶球在灯光照射下可显双影。在摩擦生热后能吸附贴近的纸屑。

续表

宝玉石名称	矿物名称	外貌特征	肉眼识别要点
合成水晶	石英	无色，紫色者颜色均匀，清澈透明但不晶莹，反光面多且明亮，呈白色。内部干净，不存在任何缺陷。	无色，紫色者颜色均匀，清澈透明但不晶莹，反光面多且明亮，呈白色。内部干净，不存在任何缺陷，可见面包渣状的包裹体，加工为机械抛光，圆滑。
绿玉髓	玉髓	绿色、淡蓝绿色。半透明至微透明的致密状块体。	颜色均一，结构细腻、致密。绿色分布均匀，常见有无色细脉状物质分布于绿玉髓之中。比重小，无坠手感。
黄龙玉	石英	半透明至微透明，颜色均匀，呈淡黄色、金黄色、橙红色、橘红色、鸽血红等，质地细腻、纯净而清透，无杂质，抛光后效果极好，细腻柔润而清亮灵动。	半透明至微透明，颜色均匀，呈淡黄色、金黄色、橙红色、橘红色、鸽血红等，质地细腻、纯净而清透，无杂质，抛光后效果极好，细腻柔润而清亮灵动。
方柱石	方柱石	浅紫色、粉红色、黄色、无色、质软。光泽不甚明亮。宝玉石中常含有管状或残片状包裹体。常呈猫眼效应。	质软，光泽不亮。宝玉石中常含有管状或残片状包裹体。转动宝玉石在不同的方向可显示淡紫色、无色的二色性。
拉长石	拉长石	半透明至微透明。乳白色和灰蓝色。宝玉石表明可呈绿蓝色、橙红色像绸缎一样的艳丽变彩。	在体色上伴有绸缎般的艳丽晕彩。放进水中用手电透射，可以见到斜交或平行的解理和黑色板状钛铁矿包裹体。
月光石	正长石	乳白色、浅黄色、蓝灰色。半透明。在弧形宝玉石的表面能呈现出朦胧的月光效应。有些月光石具有猫眼效应。	颜色为无色、白、浅黄、蓝灰和绿色，半透明，具典型的月光效应。有凉感，手掂很轻。内部常有裂纹。有时可见"蜈蚣"状包体。
欧泊	蛋白石	具典型的变彩效应，在光源下转动欧泊可以看到五颜六色的色斑。	根据特殊的变彩效应可将它与其他宝玉石区分开来，色斑具有丝绢状外表，沿一方向延长。呈不规则的薄片。色斑与色斑之间呈渐变关系，界限模糊。相连的色斑会呈现出五彩缤纷的彩带。
青金石	青金石	靛蓝色、深蓝色、紫蓝色，颜色斑驳，在紫蓝的底色上伴有黄铁矿亮点和白色条纹。	特有的蓝色和星点状的黄铁矿晶体构成了其典型的鉴定特征。紫蓝的颜色斑驳。组成矿物的粗细不均，用10倍放大镜可见到大小不同的蓝色圆点。微透明。
堇青石	堇青石	蓝色，内部洁净，有些宝玉石内部可含有黑色云母包裹体。	蓝色、内部洁净，多色性明显，可见蓝、紫蓝、无色的三色性，转动宝玉石在一个方向会显无色的现象。

续表

宝玉石名称	矿物名称	外貌特征	肉眼识别要点
琥珀	琥珀	黄至橙色色调。树脂光泽，含有较多圆形气泡。表面有网状干裂的浅纹。有的品种中包有昆虫。	黄色色调，有蜜黄色、黄棕色至棕色，老化后呈褐红色，含有较多圆形气泡。表面有网状干裂的浅纹。有的品种中包有昆虫、植物。质轻。用热针触及琥珀时发出芳香的气味。
天然珍珠	珍珠	白色、粉色、黄色、黑色。呈球形，形状大多不规则，具有同心圈构造，强珍珠光泽，并带有彩虹般的晕彩。	呈圆形，横切面呈同心圈结构，强珍珠光泽，并带有彩虹般的晕彩。珍珠表面光滑，偶见有线状纹理和丘疹状的凸起的小疱。用牙在珍珠表面轻轻地摩擦，会有砂质感。遇盐酸起泡。
养殖珍珠	珍珠	白色、粉色、黄色、黑色，养殖珍珠一般为圆形或有带隆起的尾部，而无核养殖珍珠多不规则，形如椭圆形、梨形、扁圆形等。珍珠光泽。	形态、颜色各一，以白色、粉色为主，多为圆形、椭圆形。珍珠光泽不明显，表面光滑，常见隆起、收缩纹和丘疹状的凸起的小疱。两粒接触有砂粒感，遇盐酸起泡。
珊瑚	珊瑚	树枝状的珊瑚在纵面上多呈深浅不同的红色、粉红色的条纹。横断面上可见同心圆状的放射状线纹。	色泽红润，纵截面上珊瑚表现为颜色和透明度稍有差异的平行条纹。在横截面上呈放射状同心圆状构造。用手触摸凉、重。遇盐酸起泡。
象牙		半透明至不透明的瓷白色和绿白色。横断面上有弧形网格，像旋转引擎图案。	瓷白色的外观。在横切面呈圆形、近圆形；有特征旋转引擎纹。纵向逐渐由粗变尖。
玳瑁	海龟的壳	油脂光泽。在黄的底色上有褐色的杂斑，或呈亮黄色。	用10倍放大镜观察褐色的斑块中有许多粉红色的小圆点。
煤精		不透明，乌亮的黑色。	手掂很轻，用手触摸有温感。性脆。粉末为褐色。用热针触及有煤烟味。

附表2 主要宝玉石的结晶习性

名称	所属晶系	光性	主要晶体形态及特征
钻石	等轴晶系	均质体	八面体、菱形十二面体、立方体以及它们的聚形，少数情况下还有四六面体、六八面体、四角三八面体和三角八面体等。晶面常具有三角锥（座）、三角凹痕（坑）、船型凹坑台阶状生长纹等。
红宝石	三方晶系	一轴晶负光性	六方柱、菱面体、六方双锥和平行双面。常呈腰鼓状、短柱状晶体。
蓝宝石	三方晶系	一轴晶负光性	六方柱、菱面体、六方双锥和平行双面。常呈腰鼓状、短柱状、桶状晶体。
绿柱石	六方晶系	一轴晶负光性	柱状，具六方双锥和平行双面，柱面可见纵条纹。
金绿宝石	斜方晶系	二轴晶正光性	晶体常呈扁平板状或厚板状、假六方三连晶、六边形偏锥状，在晶体底（轴面）面上常有条纹。
钾长石	单斜晶系	二轴晶，一般为负光性	常呈板状，发育卡式双晶和格子状双晶。
斜长石	单斜晶系	二轴晶，多为正光性，也可是负光性	常呈板状，发育聚片双晶。
单晶石英	三方晶系	一轴晶正光性	常为六方柱与菱面体的聚形组成柱状晶体，六方柱的柱面上常有横纹，双晶较发育。
托帕石	斜方晶系	二轴晶正光性	柱状晶形，常见单形有斜方柱、斜方双锥、平行双面等，以斜方柱较为发育，柱面上常有纵纹。
碧玺	三方晶系	一轴晶负光性	柱状晶形，常见三方柱、六方柱、三方单锥，晶体两端发育不同的单形，柱面纵纹发育，横截面为球面三角形。
橄榄石	斜方晶系	二轴晶正光性	少见完好晶体，常呈柱状晶体，碎块或卵石状，柱面常见垂直条纹。
尖晶石	等轴晶系	均质体	常呈八面体晶形，有时八面体与菱形十二面体、立方体成聚形。
石榴石族	等轴晶系	均质体	常见菱形十二面体、四角三八面体及其聚形，晶面可见生长纹。
锆石（高型）	四方晶系	一轴晶正光性	四方柱和四方双锥的聚形。
合成立方氧化锆	等轴晶系	均质体	常呈块状
欧泊	非晶质体	均质体	无结晶外形，常为致密块状体、细脉状、钟乳状和结核状。
翡翠	多晶质集合体	均质体	主要矿物成分硬玉为单斜晶系，常呈粒状、纤维状、毡状形态。

续表

名称	所属晶系	光性	主要晶体形态及特征
软玉	多晶质集合体	均质体	主要矿物为单斜晶系，常由颗粒小于0.01 mm的纤维状或针柱状晶体构成毛毡状结构。
独山玉	多晶质集合体	均质体	细粒结构或隐晶质结构，常为致密块状，少数为带状构造。
绿松石	多晶质集合体	均质体	主要矿物为三斜晶系，二轴晶正光性，常见隐晶质块状、结核状、脉状和皮壳状。
青金石	多晶质集合体	均质体	主要矿物为等轴晶系，致密块状，常呈细粒至隐晶质结构。
蛇纹石玉	多晶质集合体	均质体	主要矿物为单斜晶系，常呈叶片状、纤维状的微晶，隐晶质。
石英岩玉	多晶质集合体	均质体	玛瑙一般呈块状、结核状、钟乳状或脉状，外观质地极为细腻；玉髓一般为隐晶质块状体，钟乳状或葡萄状。
蔷薇辉石	三斜晶系	二轴晶正或负光性	晶体少见，多为致密块状集合体。
菱锰矿	三方晶系	一轴晶负光性	大多数为致密块状体，热液成因多呈显晶质，为粒状或柱状集合体；沉积成因多呈隐晶质，为块状、肾状、土状集合体。

附表3　其他宝玉石的结晶习性

宝玉石名称	晶系	光性
玻璃 天然玻璃	非晶质体	均质体
琥珀	非晶质体	均质体
龟甲	非晶质体	均质体
煤精	非晶质体	均质体
塑料	非晶质体	均质体
萤石	等轴晶系	均质体
方钠石	等轴晶系	均质体
合成金红石	四方晶系	一轴晶正光性
符山石	四方晶系	一轴正或负
方柱石	四方晶系	一轴晶负光性
鱼眼石	四方晶系	一轴晶负光性
合成碳硅石	六方晶系	一轴晶正光性
蓝锥矿	六方晶系	一轴晶负光性
磷灰石	六方晶系	一轴晶负光性
硅铍石	三方晶系	一轴晶负光性
方解石	三方晶系	一轴晶负光性
普通辉石	三斜晶系	二轴晶正光性
拉长石	三斜晶系	二轴正或负
蓝晶石	三斜晶系	二轴晶负光性
葡萄石	斜方晶系	二轴晶正光性
顽火辉石	斜方晶系	二轴晶正光性
天青石	斜方晶系	二轴晶正光性
重晶石	斜方晶系	二轴晶正光性
矽线石	斜方晶系	二轴晶正光性
黝帘石	斜方晶系	二轴晶正光性
赛黄晶	斜方晶系	二轴正或负
堇青石	斜方晶系	二轴正或负
红柱石	斜方晶系	二轴晶负光性
柱晶石	斜方晶系	二轴晶负光性

续表

宝玉石名称	晶系	光性
锂辉石	单斜晶系	二轴晶正光性
透辉石	单斜晶系	二轴晶正光性
楣石	单斜晶系	二轴晶正光性
蓝柱石	单斜晶系	二轴晶负光性
绿帘石	单斜晶系	二轴晶负光性
滑石	单斜晶系	二轴晶负光性
月光石	单斜或三斜	二轴正或负
天河石	三斜晶系	二轴正或负
日光石	三斜晶系	二轴正或负

附表4　常见有机宝玉石的优化处理方法

基本名称	优化处理方法	优化处理类别
养殖珍珠（珍珠）	漂白	优化
	染色	处理
	辐照	处理
珊瑚	漂白	优化
	浸蜡	优化
	充填	处理
	染色	处理
琥珀	热处理	优化
	染色	处理
象牙	漂白	优化
	浸蜡	优化
	染色	处理

附表5　常见宝玉石的优化处理方法

基本名称	优化处理方法	优化处理类别
钻石	激光钻孔	处理
	覆膜	处理
	充填	处理
	辐照（附热处理）	处理
	高温高压处理	处理
红宝石	热处理	优化
	浸有色油	处理
	染色	处理
	充填	处理
	扩散	处理
蓝宝石	热处理	优化
	扩散	处理
	辐照	处理
祖母绿	浸无色油	优化
	浸有色油	处理
	聚合物充填	处理
翡翠	漂白、浸蜡	处理
	漂白、充填	处理
	热处理	优化
	覆膜	处理
	染色	处理
托帕石	热处理	优化
	辐照	处理
	扩散	处理
玉髓（玛瑙）	热处理	优化
	染色	优化

参考文献

[1] 张蓓莉.系统宝石学[M].2版.北京：地质出版社，2006：77-107，567-625.

[2] 赵晋祥.宝玉石鉴定与检测技术[M].昆明：云南科技出版社，2011.

[3] 李娅莉，薛秦芳，李立平，陈美华.宝石学教程[M].2版.武汉：中国地质大学出版社，2011.

[4] 陈桃，周征宇，马婷婷.宝玉石肉眼鉴定的依据[J].上海地质，2003，（4）：62-64.

[5] 彭花明.肉眼鉴定宝石的方法和技巧[J].湖南地质，1997，（1）：67-68.

[6] 李平，韩丽.宝玉石肉眼鉴定法探讨[J].山东轻工业学院学报：自然科学版，1999，（4）：76-78.